合成趣味网页图像

绘制电视机网页图标

绘制咖啡网站标志

绿植网页样式调整

美化运动网页

提升购物网页交互性

网页本地站点的创建

网页镂空装饰文字

网页遮罩动画

为餐具网页添加图像

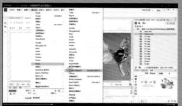

为视频网页添加视频

为装饰网页添加超链接

制作建筑网页

制作咖啡网页

制作旅社预订页

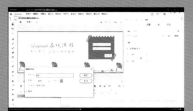

制作网页轮播图动画

制作自然科普网页模板并应用

为读书网页添加文本1

为读书网页添加文本2

网页本地站点的创建

为网页添加小视频1

为网页添加小视频2

为装饰网页添加超链接1

为装饰网页添加超链接2

为餐具网页添加图像

制作建筑企业网页

制作首饰店网页

制作影音网站首页

制作咖啡小店网页

调整绿植网页样式1

调整绿植网页样式2

美化运动网页1

美化运动网页2

美化自行车网页1

美化自行车网页2

为网页添加文本交互行为1

为网页添加文本交互行为2

网页交换图像1

网页交换图像2

设计知识竞赛网页

提升购物网页交互性1

提升购物网页交互性2

网页标题文字跳动动画1

网页标题文字跳动动画2

制作科技网站登录页

制作旅社预订页

制作网页轮播图动画1

制作网页轮播图动画2

文字网站文字变形动画1

文字网站文字变形动画2

网页遮罩动画1

网页遮罩动画2

制作服装网页模板

应用服装网页模板

制作自然科普网页模板并应用

裁剪网页图像1

网页镂空装饰文字1

网页镂空装饰文字2

导出网页可用GIF动画1

裁剪网页图像2

制作网页装饰性小视频1

制作网页装饰性小视频2

导出网页可用GIF动画2

网页图像内容添加1

制作线上课程封面1

制作线上课程封面2

网页图像内容添加2

制作茶文化网站首页Banner

制作下载按钮

制作电影网站首页导航条

制作美食网站首页切片

导出美食网站首页切片

清 华 电 脑 学 堂

掌握网页设计技能，打造精彩在线体验！

网页设计与制作 _{标 准 教 程}

微 课 视 频 版

Dreamweaver + HTML + Flash + Photoshop

魏晓玉 徐建峰 徐晔 ◎ 编著

清华大学出版社

北 京

内 容 简 介

本书遵循简洁、易学、实用的写作原则，将网页设计常用软件Dreamweaver、Flash和Photoshop分析得淋漓尽致。书中讲解的内容在保证理论知识够用的基础上，更多地考虑工作中的实际应用，以充分满足广大初级读者快速上手的需求。

全书共14章，内容涵盖网页设计基础、Dreamweaver轻松入门、制作网页内容、设计网页布局、使用CSS美化网页、应用交互特效、创建动态网页、网页模板与库、网页动画基础知识、网页动画的制作、网页特效的制作、网页图像基础知识、网页图像的处理，以及网页元素的设计等。书中设有大量"动手练"专题，以做到"理论+实操"有机结合。第2~14章结尾安排了"综合实战""新手答疑"板块，以达到温故知新、举一反三的目的。

本书结构编排合理，所选案例贴合实际需求，可操作性强。案例讲解详细，图文并茂，即学即用。本书不仅适合作为高等院校相关专业的教学用书，也适合作为社会培训机构的指定教材，还是网页设计爱好者、平面设计师、办公人员等不可多得的自学宝典。

图书在版编目（CIP）数据

网页设计与制作标准教程：Dreamweaver+HTML+
Flash+Photoshop：微课视频版 / 魏晓玉，徐建峰，徐
晖编著. -- 北京：清华大学出版社，2024. 7. -- （清
华电脑学堂）. -- ISBN 978-7-302-66709-4
　Ⅰ. TP393.092.2
　中国国家版本馆CIP数据核字第2024LB9432号

责任编辑： 袁金敏
封面设计： 阿南若
责任校对： 胡伟民
责任印制： 宋　林

出版发行： 清华大学出版社
　　　　网　　　址：https://www.tup.com.cn，https://www.wqxuetang.com
　　　　地　　　址：北京清华大学学研大厦A座　　　邮　　编：100084
　　　　社 总 机：010-83470000　　　　邮　　购：010-62786544
　　　　投稿与读者服务：010-62776969，c-service@tup.tsinghua.edu.cn
　　　　质 量 反 馈：010-62772015，zhiliang@tup.tsinghua.edu.cn
　　　　课 件 下 载：https://www.tup.com.cn，010-83470236
印 装 者： 三河市天利华印刷装订有限公司
经　　销： 全国新华书店
开　　本： 185mm×260mm　　　**印　张：** 18.5　　　**插　页：** 2　　　**字　数：** 478千字
版　　次： 2024年8月第1版　　　　　　　　　　**印　次：** 2024年8月第1次印刷
定　　价： 69.80元

产品编号：106544-01

前 言

感谢您选择并阅读本书！

根据网页设计者的特点与需求，在学习网页设计理论知识的基础上，强调上机动手操作能力的培养，以帮助读者在最短的时间内掌握网页设计的大多数技能。本书旨在提供一套全面、系统的学习框架，帮助读者从基础到应用逐步学习Dreamweaver、Flash和Photoshop这三款业界优秀的网页设计软件。

这是一本为希望深入学习和掌握网页设计、网页动画及网页图像处理的读者精心准备的综合性教程。书中内容理论与实践相结合，每章均安排了丰富的案例，让读者在实际操作中灵活运用所学知识。笔者鼓励读者通过动手实践来巩固所学，因为在网页设计的世界里，实践经验往往是最好的老师。为了让教程更加贴近实际应用，笔者邀请了多位业内资深专家和教师参与编写和审校，确保内容的专业性和时效性。伴随着技术的不断进步，本书也会持续更新和完善教程内容，以帮助读者把握最前沿的网页设计技术。

内容概述

本书旨在为初学者提供一个全面的学习平台，让每一个对网页设计感兴趣的人都能迈出坚实的第一步。本书共14章，各章主要内容见表1。

表1

章	主要内容
第1～8章	主要介绍Dreamweaver软件应用技能，包括网页设计基础知识、Dreamweaver基本操作、网页文本的添加、网页图像的设置、超链接的创建与管理、网页音视频元素的编辑、网页的布局设计、Div+CSS技术、网页的美化、网页交互特效、表单的应用、动态网页的设计、网页模板与库等
第9～11章	主要介绍Animate（Flash）软件应用技能，包括网页动画基础知识、动画文档基本操作、矢量图形的绘制、时间轴与图层、元件与实例、库面板的应用与编辑、不同类型动画的制作、文本的创建、滤镜的应用，以及音视频元素的导入与编辑等
第12～14章	主要介绍Photoshop软件应用技能，包括Photoshop基本操作、网页图像基础知识、选区的创建与编辑、图像的处理/修复、图层与蒙版的操作技巧、网页图像色彩的调整、滤镜的应用、网页标志和图标的设计、按钮的设计、导航条的设计、网页广告的设计、首页的设计、切片及输出等

本书特色

本书以理论与实际应用相结合的方式，从易教、易学的角度出发，详细地介绍网页设计相关软件的基本操作技能，同时也为读者讲解设计思路，让读者掌握分辨好、坏网页，提高读者的鉴赏能力。

- **理论+实操，实用性强。**本书为疑难知识点配备相关的实操案例，使读者在学习过程中能够从实际出发，学以致用。

- **结构合理，全程图解。**本书全程采用图解的方式，让读者能够直观地看到每一步的具体操作。

- **疑难解答，学习无忧。**本书每章最后安排了"新手答疑"版块，主要针对实际工作中一些常见的疑难问题进行解答，让读者能够及时地处理好学习或工作中遇到的问题。同时还可举一反三地解决其他类似问题。

本书的配套素材和教学课件可扫描下面的二维码获取，如果在下载过程中遇到问题，请联系袁老师，邮箱：yuanjm@tup.tsinghua.edu.cn。书中重要的知识点和关键操作均配备高清视频，读者可扫描正文中二维码边看边学。

作者在编写本书的过程中虽力求严谨细致，但由于时间与精力有限，书中疏漏之处在所难免。如果读者在阅读过程中有任何疑问，请扫描下面的"技术支持"二维码，联系相关技术人员解决。教师在教学过程中有任何疑问，请扫描下面的"教学支持"二维码，联系相关技术人员解决。

配套素材　　　教学课件　　　技术支持　　　教学支持

第 **4** 章　设计网页布局

第 **5** 章　使用CSS美化网页

第 **6** 章　应用交互特效

第 8 章 网页模板与库

第 9 章 网页动画基础知识

第 10 章 网页动画的制作

第 11 章 网页特效的制作

第 12 章 网页图像基础知识

第 13 章 网页图像的处理

网页设计与制作标准教程（微课视频版）
Dreamweaver+HTML+Flash+Photoshop

第 14 章　网页元素的设计

14.1	设计网页文字	264
	14.1.1　输入和编辑文字	264
	14.1.2　路径文字	266
14.2	设计标志和图标	267
	14.2.1　制作网站标志	267
	14.2.2　制作页面图标	268
14.3	设计按钮和导航条	269
	14.3.1　绘制网页按钮	269
	动手练 制作下载按钮	269
	14.3.2　绘制网页导航条	271
	动手练 制作电影网站首页导航条	271
14.4	设计网页广告	273
	14.4.1　制作Banner	273
	动手练 制作茶文化网站首页Banner	273
	14.4.2　制作网页通栏广告	274
	动手练 制作鞋类产品促销通栏广告	274
14.5	设计网页并输出	276
	14.5.1　制作网站首页	276
	动手练 制作美食网站首页	277
	14.5.2　创建切片	281
	动手练 创建美食网站首页切片	281
	14.5.3　优化导出切片	282
	动手练 导出美食网站首页切片	282
综合实战：绘制咖啡网站标志		284
新手答疑		286

附赠　HTML 5知识手册

（本部分内容请扫码查看电子文档）

设计之下，
每次点击都有意义。

VIII

Dreamweaver
HTML Flash
Photoshop

网页是互联网中的一种信息载体，承载了文本、图像、视频、音频等多种多媒体形式及链接至其他网页或资源的超链接。本章将对网页的基本概念、网页布局与配色、网页设计常用工具及网站制作流程等知识进行介绍。

要点难点

- 网站的类型及开发流程
- 静态网页和动态网页的区分
- 网页色彩知识及配色技巧
- 网页布局
- AIGC在网页设计中的应用

1.1 网页开发概述

互联网技术的蓬勃发展推动了网站与网页的快速向前发展。在正式学习网页设计之前，先来了解一些与网页有关的知识。

1.1.1 什么是网站

网站是相关网页和资源的集合，通过一个共同的域名组织在一起，可以通过互联网访问。它提供了一种在全球范围内共享和传播信息的方式。网站可以由个人、团体、企业或组织创建和维护，用途广泛，包括新闻、教育资源、娱乐内容、社交平台、电子商务等。

网站通常存储在被称为"服务器"的计算机上，这些服务器通过网络（最常见的是互联网）对外提供服务。当用户想要访问某个网站时，他们会通过网络浏览器输入该网站的网址（URL），浏览器随后通过互联网从服务器获取网页和其他内容，最终展示给用户。

网站的基本组成包括如下几方面。

- **网页**：构成网站的基本单元，每个网页包含特定的内容和数据，如文本、图片、视频等。网页通过超文本标记语言（HTML）创建，并可使用层叠样式表（CSS）和JavaScript等技术增强其视觉效果和交互性。
- **域名**：互联网上网站的唯一地址，方便用户记忆和访问。例如，"Baidu.com"是百度搜索引擎的域名。
- **服务器（Server）**：一种特殊的计算机，用于存储网站的内容和数据，并且在用户通过浏览器请求访问这些内容时提供给他们。
- **网络协议**：定义了计算机之间通信的规则，其中最著名的是超文本传输协议（HTTP）和它的安全版本（HTTPS），用于网页内容的传输。

网站可以进一步根据其目的和功能被分类为个人网站、企业网站、电子商务网站、政府网站、非营利组织网站等。随着技术的发展，网站成为了人们获取信息、进行交流和开展商业活动的重要平台。

1.1.2 网站的类型

网站是指根据一定的规则制作的用于展示特定内容相关网页的集合，根据不同的标准可将网站分为不同的类型。

1. 电子商务网站

电子商务网站用于在线销售产品或服务，一般需要包括产品管理、订单处理和结算系统等功能，交易的对象可以是企业（B2B），如阿里巴巴等，也可以是消费者（B2C），如淘宝、京东等。图1-1所示为京东网站。

2. 企业品牌网站

企业品牌网站主要用于塑造企业形象，传播企业文化。多利用多媒体交互技术、动态网页技术，并针对目标客户进行内容建设，以达到品牌营销传播的目的。图1-2所示为小米官网。

图 1-1

图 1-2

3. 社区网站

社区网站以互动分享、交流讨论为主，为用户提供社区交流的平台。图1-3所示为微博官网。

图 1-3

3

4. 门户类网站

门户类网站主要提供信息资讯，是较为常见的网站形式之一。开发这类网站的技术主要涉及三个因素：承载的信息类型，信息发布的方式和流程，信息量的数量级。图1-4所示为一家典型的资讯门户类网站。

图 1-4

5. 政府及公共服务网站

政府及公共服务网站是指面向社会公众的官方网站，一般用于发布政策法规、公开政务信息或提供政务服务，包括政府官方网站及教育部门网站等。图1-5所示为教育部网站。

图 1-5

6. 功能型网站

功能型网站可以将一个具有广泛需求的功能扩展开来，开发出一套强大的支撑体系，将该功能的实现推向极致。图1-6所示的百度即为功能型网站。

图 1-6

7. 多媒体分享网站

多媒体分享网站是指以视频、音频、图像等多媒体项目分享为主的网站，支持用户上传、观看和分享多媒体内容。图1-7所示为哔哩哔哩网站。

图 1-7

8. 教育学习类网站

教育学习类网站主要包括提供视频教程的在线课程平台及为教师和学生提供教学资料、辅助工具的教育资源网站。图1-8所示为飞乐鸟网站。

图 1-8

1.1.3 网站开发流程

随着行业的发展，网站开发流程也趋于稳定，遵循流程进行操作，可以使网站制作更加轻松合理，减少差错率。一般网站开发流程包括规划与需求分析、网站设计、网站开发、网站测试与发布、维护与更新等步骤，如图1-9所示。下面对此进行介绍。

图 1-9

1. 规划与需求分析

建设网站前需要根据需求进行规划，即明确建设网站的目标、确定功能需求、评估项目预设等。

- **目标确定：** 明确网站的目的、目标受众和期望达成的结果。
- **需求收集：** 与所有相关方沟通，收集具体的功能需求、内容需求等。
- **资源规划：** 评估项目预算、时间线、技术栈和人力资源。

2. 网站设计

明确网站需求并进行规划后，就可以开始设计网站，包括网站结构、视觉效果设计等。

- **网站结构设计：** 规划网站的整体结构和页面布局，确保逻辑清晰、用户友好。
- **视觉设计：** 确定网站的色彩方案、字体、图标等视觉元素，设计网站的界面。
- **交互原型：** 制作可交互的原型，验证设计的可行性，进行内部或外部的用户测试。

3. 网站开发

网站开发是实现网站功能、性能优化的必要保证，一般包括前端开发、后端开发和内容创建。

- **前端开发：** 利用HTML、CSS、JavaScript等技术实现网站的界面和交互效果。

- **后端开发**：构建服务器、数据库和后台逻辑，实现数据处理、用户认证等功能。
- **内容创建**：根据网站主题和目标受众创建、整理和优化网站内容。

4. 网站测试与发布

网站测试设计网站运行的每个页面和程序，兼容性测试、功能测试是必选的测试内容。

- **功能测试**：确保所有功能模块按照需求正常运行，无错误和漏洞。
- **性能测试**：检测网站的加载速度、响应时间等性能指标，确保优良的用户体验。
- **兼容性测试**：确保网站在不同浏览器、不同设备上均能正常访问。

完成网站测试后，可将网站发布到互联网上供用户浏览。

- **准备部署环境**：选择适合的服务器和部署工具，配置好环境。
- **发布**：将网站部署到线上服务器，进行最终测试并正式发布。
- **备案**：根据当地法律法规，完成网站的备案流程。

5. 维护与更新

在实际应用情况中，需要根据现实需求对网站进行维护和更新内容，以保持网站的活力。只有不断地给网站补充新的内容，才能够保持网站的吸引力，吸引到更多的用户。网站维护一般包括以下内容。

- **监控与维护**：持续监控网站的运行状态，及时处理可能出现的问题。
- **内容更新**：定期更新网站内容，保持信息的新鲜度和相关性。
- **功能迭代**：根据用户反馈和业务需求，不断优化和增加新的功能。

1.1.4 认识网页

网页是一个包含HTML标签的纯文本文件，可以存放在世界某个角落的某一部计算机中，这部计算机必须与互联网相连。网页经由URL来识别与存取，用户在浏览器输入网址后，经过一段复杂而又快速的程序，网页文件会被传送到计算机，然后通过浏览器解释网页的内容，再展示到用户眼前。图1-10所示为清华大学出版社首页。

提示 URL全称为统一资源定位系统，是因特网的万维网服务程序上用于指定信息位置的表示方法。

网页可以分为静态网页和动态网页，区别在于网页是否会根据数据操作的结果而发生变化。与静态网页相比，动态网页的交互性更强，用户可以在页面中互动，如登录、注册网页等。

1. 静态网页

在网站设计中纯粹HTML格式的网页通常被称为"静态网页"，早期的网站一般都是由静态网页制作的。静

图 1-10

态网页相对于动态网页而言，是指没有后台数据库、不含程序和不可交互的网页。静态网页相对更新起来比较麻烦，适用于一般更新较少的展示型网站。静态网页是标准的HTML文件，它的文件扩展名是".htm"或".html"。在HTML格式的网页上，也可以出现各种动态的效果，如GIF格式的动画、Flash、滚动字母等，这些"动态效果"只是视觉上的，与动态网页是不同的概念。

静态网页具有以下特点。

- 静态网页的每个页面都有一个固定的URL。
- 静态网页的内容相对稳定，因此容易被搜索引擎检索到。
- 静态网页没有数据库的支持，当网站信息量很大时，完全依靠静态网页的制作方式比较困难。
- 静态网页交互性比较差，在功能方面有较大的限制。
- 页面浏览速度迅速，无须连接数据库，开启页面速度快于动态页面。

浏览器"阅读"静态网页的执行过程较为简单，如图1-11所示。首先浏览器向网络中的Web服务器发出请求，指向某一个普通网页。Web服务器接收请求信号后，将该网页传回浏览器，此时传送的只是文本文件。浏览器接到Web服务器送来的信号后开始解读html标签，然后进行转换，将结果显示出来。

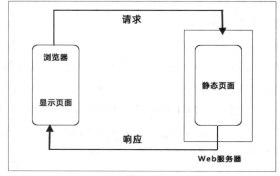

图 1-11

2. 动态网页

动态网页是与静态网页相对的一种网页编程技术。与网页上的各种动画、滚动字幕等视觉上的"动态效果"没有直接关系，动态网页可以是纯文字内容的，也可以是包含各种动画的内容，这些只是网页具体内容的表现形式，无论网页是否具有动态效果，采用动态网站技术生成的网页都称为动态网页。图1-12所示为某网站动态网页。

图 1-12

应用程序服务器读取网页上的代码，根据代码中的指令形成发给客户端的网页，然后将代码从网页上去掉，所得的结果就是一个静态网页。应用程序服务器将该网页传递回Web服务器，然后再由Web服务器将该网页传回浏览器，当该网页到达客户端时，浏览器得到的内容是HTML格式，如图1-13所示。

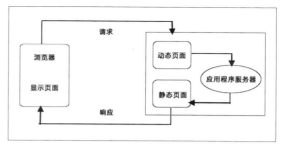

图 1-13

动态网页URL的后缀为".aspx"".asp"".jsp"".php"".perl"".cgi"等形式，且在动态网页网址中有一个标志性的符号——"?"。通过动态网页可以与后台数据库进行交互，传递数据。动态网页具有以下4个主要特点。

- 动态网页没有固定的URL。
- 动态网页以数据库技术为基础，可以大大降低网站维护的工作量。
- 采用动态网页技术的网站可以实现更多的功能，如用户注册、用户登录、用户管理、在线调查等。
- 动态网页实际上并不是独立存在于服务器上的网页文件，只有当用户请求时，服务器才返回一个完整的网页。

1.2 网页设计理念

网页布局与配色是网页设计中的重要部分，影响网页的视觉效果和用户体验。下面对此进行介绍。

1.2.1 网页色彩基础

色彩是最具表现力的视觉元素之一，具有信息传达、情感传递、增强视觉表现力等作用。下面对色彩的基础知识进行介绍。

1. 色彩三要素

色彩分为无彩色系和有彩色系两大类，其中黑、白、灰属于无彩色系，其他色彩属于有彩色系。有彩色系中的色彩都具有色相、明度和纯度3个属性。

（1）色相

色相即色彩的相貌称谓，是色彩的首要特征，主要用于区别不同的色彩，如红、黄、蓝等，如图1-14所示。

图 1-14

（2）明度

明度是指色彩的明暗程度，色度学上又称光度、深浅度，一般包括两方面：一是指同一色相的明暗变化，如图1-15所示；二是指不同色相间的明暗变化，如有彩色系中黄色明度最高，紫色明度最低，红、橙、蓝、绿明度相近。要提高色彩的明度，可加入白色或浅色，反之则加入黑色或深色。

（3）纯度

纯度是指色彩的饱和程度、鲜艳程度。饱和度越高色彩越纯越艳，反之色彩纯色就越低，颜色也越浑浊。有彩色系中红、橙、黄、绿、蓝、紫等基本色相的纯度最高，如图1-16所示。无彩色系的黑、白、灰纯度几乎为0。

图 1-15　　　　　　　　　　　　　　　　图 1-16

2. Web 安全色

Web安全色是指在不同硬件环境、不同操作系统、不同浏览器中具有一致显示效果的颜色，共216种。当涉及Web安全色时，这些颜色通常以十六进制码表示。每种颜色都可以用一个六位的十六进制数字表示，由三个两位的十六进制数值组成，分别代表红、绿和蓝通道的颜色值。

例如，Web安全色中的纯红色可以用十六进制码"#FF0000"来表示。在这个表示法中，前两位表示红色通道的值（FF），接着两位表示绿色通道的值（00），最后两位表示蓝色通道的值（00）。这种表示方法可以确保在不同设备和浏览器上正确地显示颜色。

1.2.2　网页配色艺术

网页配色在网站页面效果中占据重要地位，优秀的网页配色可以提高网站的页面效果，增加页面浏览量。下面对网页配色的相关技巧进行介绍。

1. 网页配色要点

网页配色一般包括以下4个要点。

- **网站主题颜色要自然**：在设计网站页面的颜色时，应尽可能地选择一些比较自然和常见的颜色，这些颜色在日常生活当中随处可见，贴近生活。
- **背景和内容形成对比**：在页面配色时，页面的背景需要与文字之间形成鲜明的对比效果，这样才能突出网站主题，使内容更易被用户注意，同时也能方便用户浏览和阅读，如图1-17所示。

图 1-17

- **规避页面配色的禁忌**：合理的页面配色能够使网站的页面用户体验效果大大提升，如果页面配色不合理，不仅会导致网站的效果降低，还会导致网站用户流失，给企业带来无法估量的损失。
- **保持页面配色的统一**：在对网站页面进行配色时，一定要保持色彩的统一性，对颜色的选择理应控制在三种以内，以一种作为主色，剩下两种作为辅助色。

2. 网页设计色彩搭配原则

除了考虑颜色、网站本身具有的特点外，在网页设计色彩搭配中，还要遵循并体现一定的艺术性和规律性。

- **鲜明性原则**：一个网站的色彩鲜明，很容易引人注意，会给浏览者耳目一新的感觉。
- **独特性原则**：要有与众不同的色彩，网页的用色必须要有自己独特的风格，这样才能给浏览者留下深刻的印象。
- **艺术性原则**：网站设计是一种艺术活动，因此必须遵循艺术规律。按照内容决定形式的原则，在考虑网站本身特点的同时，大胆进行艺术创新，设计出既符合网站要求，又具有一定艺术特色的网站。
- **合理性原则**：色彩要根据主题来确定，不同的主题选用不同的色彩。例如，用蓝色体现科技型网站的专业，用绿色体现自然环境的宁静生机等，如图1-18所示。

图 1-18

3. 网页色彩搭配方式

每种色彩都有不同的特性，搭配起来就呈现出不同的效果。下面对常见的色彩搭配方式进行介绍。

（1）同种色彩搭配

同种色彩搭配是指先选定一种主色，然后再以这款颜色为基础进行透明度和饱和度的调整，通过对颜色进行变淡或加深得到新的颜色。该种配色方法可以使网页页面看起来色彩统一，且具有层次感。

（2）对比色彩搭配

在网页设计中通过合理使用对比色，能够使网站特色鲜明、重点突出。对比色指的是色相环夹角为120°左右的色彩，如紫色和橙色等，以一种颜色为主色调，将其对比色作为点缀，可以起到画龙点睛的作用。

（3）邻近色彩搭配

采用邻近色搭配的网页可以避免色彩杂乱，容易达到页面和谐统一的效果。邻近色又称为相邻色或邻接色，是指在色轮上相邻或靠近的颜色。这些颜色在色轮上彼此之间的距离很近，因此在视觉上有较强的和谐感和统一感。

（4）冷、暖色色彩搭配

冷色调色彩搭配的网页可以为用户营造出宁静、清凉和高雅的氛围，冷色色彩与白色搭配一般会获得较好的视觉效果。暖色调色彩搭配可为网页营造出稳定、和谐和热情的氛围。冷色调色彩搭配指的是使用绿色、蓝色及紫色等冷色系色彩进行搭配，暖色调色彩搭配是指使用红色、橙色、黄色等暖色系颜色进行搭配。

1.2.3 网页布局艺术

网页布局影响网页的视觉效果。常见的网页类型包括骨骼型、满版型、分割型、中轴型、曲线型、倾斜型、对称型、焦点型、三角型和自由型共10种。这10种布局类型的特点及作用分别如下。

1. 骨骼型

网页版式的骨骼型是一种规范的、理性的分割方法，类似于报刊的版式，如图1-19所示。常见的骨骼有竖向的通栏、双栏、三栏、四栏和横向的通栏、双栏、三栏和四栏等，一般以竖向分栏为多。骨骼型版式给人以和谐、理性的美。多种分栏方式结合使用，既理性、条理，又活泼而富有弹性。

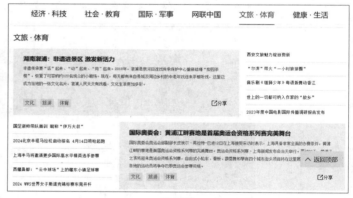

图 1-19

2. 满版型

满版型页面以图像充满整版，如图1-20所示，主要以图像为诉求点，也可将部分文字压置于图像之上。视觉传达效果直观而强烈。满版型给人以舒展、大方的感觉。

图 1-20

3. 分割型

分割型把整个页面分成上下或左右两部分，分别安排图片和文案，如图1-21所示。两部分形成对比：有图片的部分感性而具有活力，文案部分则理性而平静。可以通过调整图片和文案所占的面积来调节对比的强弱。例如，如果图片所占比例过大，文案使用的字体过于纤细，字距、行距、段落的安排又很疏落，则造成视觉心理的不平衡，显得生硬。倘若通过文字或图片将分割线虚化处理，就会产生自然和谐的效果。

图 1-21

4. 中轴型

沿浏览器窗口的中轴将图片或文字作水平或垂直方向的排列方式为中轴型版式，如图1-22所示。水平排列的页面给人稳定、平静、含蓄的感觉。垂直排列的页面给人以舒畅的感觉。

图 1-22

5. 曲线型

曲线型为图片、文字在页面上作曲线的分割或编排构成，产生韵律与节奏，如图1-23所示。

图 1-23

6. 倾斜型

倾斜型为页面主体形象或多幅图片、文字作倾斜编排，形成不稳定感或强烈的动感，引人注目，如图1-24所示。

图 1-24

7. 对称型

对称型的页面给人稳定、严谨、庄重、理性的感受，一般分为上下对称或左右对称。图1-25所示为左右对称的页面。

图 1-25

四角型也是对称型的一种，是在页面四角安排相应的视觉元素。四个角是页面的边界点，重要性不可低估。在四个角安排的任何内容都能产生安定感。控制好页面的四个角，也就控制了页面的空间。越是凌乱的页面，越要注意对四个角的控制。

8. 焦点型

焦点型的网页版式通过对视线的诱导，使页面具有强烈的视觉效果，如图1-26所示。焦点型分以下3种情况。

- **中心**：以对比强烈的图片或文字置于页面的视觉中心。
- **向心**：视觉元素引导浏览者视线向页面中心聚拢，形成一个向心的版式。向心版式是集中的、稳定的，是一种传统的手法。
- **离心**：视觉元素引导浏览者视线向外辐射，则形成一个离心的网页版式。离心版式是外向的、活泼的，更具现代感。运用时应注意避免凌乱。

图 1-26

9. 三角型

三角型为网页中各视觉元素呈三角形排列。正三角形（金字塔型）最具稳定性，倒三角形则产生动感，侧三角形构成一种均衡版式，既安定又有动感。图1-27所示为三角型版式网页。

图 1-27

10. 自由型

自由型的页面具有活泼、轻快的风格，传达随意、轻松的气氛。

1.3 网页设计常用工具

选择合适的工具并应用，可以极大程度地帮助网页设计师提高工作效率，下面对网页设计中的常用工具进行介绍。

1. Dreamweaver

Dreamweaver 是一款由Adobe Systems开发的网页设计和开发软件，支持可视化网页编辑，同时提供直接编辑网页代码的环境，是网页设计与制作领域中用户最多、应用最广、功能最强的软件，它为网页设计师和开发者提供了一个强大且灵活的平台，用于创建、测试和发布网站。

Dreamweaver与Animate、Photoshop并称为"网页设计三剑客"，利用它们可以轻而易举地制作出充满动感的网页。

2. Animate

Animate是一款非常优秀的交互式矢量动画制作工具，能够制作包含矢量图、位图、动画、音频、视频、交互式动画等内容在内的站点。为了吸引浏览者的兴趣和注意，传递网站的动感和魅力，许多网站的介绍页面、广告条和按钮，甚至整个网站，都是采用Animate制作出来的。

用Animate编制的网页文件比普通网页文件要小得多，这大大加快了浏览速度，是一款十分适合动态Web制作的工具。

3. Photoshop

常用的网页图像处理软件有Photoshop和Fireworks，其中Photoshop凭借其强大的功能和广泛的使用范围，一直占据着图像处理软件的领先地位。

Photoshop支持多种图像格式以及多种色彩模式，可以任意调整图像的尺寸、分辨率及画布的大小等，用户可以使用Photoshop设计网页的整体效果图、处理网页中的产品图像、设计网页按钮和制作网页宣传广告图像等。

在网页开发过程中，需要将设计原型中的图形元素转换成可以在网页上使用的格式。Photoshop 提供了强大的切图和导出工具，设计师可以轻松地将设计切分成多个图像文件，并以适合Web使用的格式（如PNG、JPEG、GIF）导出。Photoshop 的"导出为Web"功能特别为这个目的设计，优化了图像的大小和质量，提高了网站的加载速度。

1.4 AIGC在网页设计中的应用

AIGC是生成式人工智能(Artificial Intelligence Generated Content)的缩写,指通过人工智能技术自动创建或生成的内容。在网页设计领域,AIGC可以为设计师提供更多的创意灵感、个性化设计方案和丰富的网页元素。下面以网站大纲制定为例进行介绍。

描述词:你是一位网页设计师,现在需要起草一个旅行网的设计大纲。

生成内容:作为一位网页设计师,制定一个旅游网站的大纲需要充分考虑用户体验、网站的功能性以及美观性。以下是一个基本的旅游网站大纲,包括主要的部分和功能模块。

1. 首页

导航栏:包括网站LOGO、首页、目的地、旅游套餐、特色服务、关于我们、联系方式等。

轮播图:展示精选旅游目的地的高清图片和促销信息。

搜索功能:允许用户根据目的地、出发日期、价格等进行搜索。

特色旅游目的地:展示推荐的旅游地点和热门目的地。

用户评价:展示来自其他旅行者的评价和体验分享。

订阅服务:用户可以订阅旅游资讯和特价信息。

2. 目的地

按地区分类:将旅游目的地分类展示,如亚洲、欧洲、美洲等。

详细信息:每个目的地提供详细的介绍、旅游攻略、必游景点、美食推荐等。

高清图片和视频:展示目的地的风光和特色。

用户评论:显示游客的评价和建议。

3. 旅游套餐

分类展示:根据旅游类型(如家庭游、探险游、蜜月游等)分类展示不同的旅游套餐。

套餐详情:每个套餐提供详细的行程安排、费用包含、预定须知等。

在线预订:提供在线预订功能,包括选择日期、人数、房型等。

4. 特色服务

旅游保险:提供旅游保险服务的介绍和在线购买。

租车服务:提供目的地租车服务的选项和预订。

导游服务:提供专业导游服务的预订和介绍。

定制旅行:提供个性化定制旅行的咨询和预订服务。

5. 关于我们

公司介绍:简介公司的历史、使命和愿景。

团队介绍:展示公司团队和主要成员。

合作伙伴:展示合作伙伴和认证信息。

6. 联系方式

联系表单:提供在线留言和咨询的表单。

联系信息：包括电话、邮箱、办公地址等。

社交媒体链接：提供公司社交媒体账号的链接，方便用户关注。

7. 用户中心（可选）

个人资料：用户可以查看和编辑个人信息。

我的订单：用户可以查看订单状态和历史订单。

我的收藏：用户可以收藏喜欢的旅游目的地和套餐。

这个大纲是基本的框架，具体设计过程可以根据目标用户群体、品牌定位等因素进行调整和优化。

除了提供方案外，用户还可以使用AIGC技术生成网页中的各类元素，下面以网站图标为例进行介绍。

描述词：你是一位网页设计师，现在需要制作旅游网站各类图标，如搜索、目的地、套餐、用户等，要求平面风格，简约时尚。

生成内容：随机生成内容如图1-28所示。

图 1-28

在提供描述词时，用户还可以通过一些术语生成指定风格、尺寸的内容，以网页Banner为例进行介绍。

描述词：你是一位网页设计师，现在需要制作旅游网站Banner，主题语为"春暖花开，一起出行"，要求画面生机盎然，充满活力--ar 16:9。

生成内容：随机生成内容如图1-29所示。

图 1-29

生成需要的内容后，用户可以通过Photoshop等图像软件对图像进行修改，以得到理想的效果。

新手答疑

1. Q: 动态网页的后缀名有哪些？

   A: 动态网页名包括".aspx"".asp"".jsp"".php"".perl"".cgi"等形式，且在动态网页网址中有一个标志性的符号——"?"。

2. Q: 万维网的三个基本组成部分是什么？

   A: URL（Uniform Resource Locator，统一资源定位器）、HTTP协议（Hyper Text Transport Protocol，超文本传输协议）和HTML（Hypertext Markup Language，超文本标记语言）。

3. Q: 网页设计包括哪些基本元素？

   A: 网页设计主要包括布局、颜色、字体、图形（如图标和图片）、交互性（如按钮和链接）等元素。

4. Q: 网页设计和网页开发有什么区别？

   A: 网页设计侧重于网站的视觉和用户体验方面，使用设计工具如Adobe Dreamweaver、Adobe XD或Sketch；网页开发更关注于将设计转化为可在线访问的网站，涉及编程语言，如HTML、CSS和JavaScript。

5. Q: 如何使网页设计适应不同设备的屏幕尺寸？

   A: 通过使用响应式设计原则，例如媒体查询（Media Queries），可以使网页布局在不同尺寸的设备上都能良好显示。

6. Q: 应该先学习 HTML/CSS 还是直接使用 Dreamweaver 的设计视图？

   A: 建议先了解一些基本的HTML和CSS知识。这样，使用Dreamweaver的设计视图时，能更好地理解它是如何工作的，并能够进行更高级的自定义和调整。

7. Q: 在 Dreamweaver 中创建的网页在不同浏览器中显示不一样，这是为什么？

   A: 不同的浏览器可能会有不同的渲染引擎，这可能会导致在不同浏览器中显示差异。为了尽量减少这种差异，需要确保网页代码遵循最新的Web标准，并使用CSS重置样式表来统一不同浏览器的默认样式。

8. Q: 如何将创建的网页上传到服务器？

   A: Dreamweaver提供了FTP功能，允许用户直接从软件中上传文件到服务器。在"站点管理"中设置FTP账户信息，之后可以通过执行"文件"|"将站点文件发布到服务器"命令来上传网页。

9. Q: Dreamweaver 可以学习到 HTML 和 CSS 吗？

   A: Dreamweaver是学习HTML和CSS的好工具。用户可以在设计视图中创建元素，然后切换到代码视图查看生成的代码，在实践中进行学习。

Dreamweaver
HTML Flash
Photoshop

第2章
Dreamweaver
轻松入门

本章将对Dreamweaver的入门操作知识进行介绍。通过本章内容的学习，用户可以了解Dreamweaver工作界面及视图模式；掌握站点的创建与管理操作；学会新建文档、保存文档等文档基础操作。

要点难点

- Dreamweaver工作界面简介及自定义操作
- Dreamweaver不同视图模式的作用
- 站点的创建与管理
- 文档的基础操作

2.1 Dreamweaver工作界面

Dreamweaver是一款所见即所得的网页代码编辑器，支持HTML、CSS、JavaScript等技术，在网页设计领域备受欢迎。本节将对其工作界面进行介绍。

2.1.1 工作区

工作区可以查看文档和对象属性，如图2-1所示。许多常用操作也位于工作区的工具栏中，以便用户操作。该区域中部分常用组成部分作用如下。

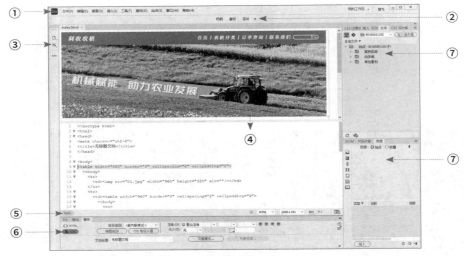

图 2-1

①**菜单栏**：包括文件、编辑、查看、插入、工具、查找、站点、窗口和帮助9种菜单，这9种菜单中又包括无数的子菜单，以实现不同的操作。

②**"文档"工具栏**：其中的按钮可以切换文档的视图，包括"代码""拆分""设计"和"实时视图"4种。

③**工具栏**：一般位于"文档"窗口左侧，提供处理代码和HTML元素的各种命令。

④**"文档"窗口**：显示当前创建和编辑的文档。

⑤**标签选择器**：位于"文档"窗口底部的状态栏中，显示环绕当前选定内容的标签的层次结构。单击该层次结构中的任何标签即可选择该标签及其全部内容。

⑥**属性检查器**：显示当前选定页面元素的常用属性，根据所选对象的不同，显示的属性也会随之变化。

⑦**常用面板组**：帮助用户监控和修改工作，包括"插入"面板、"CSS设计器"面板、"文件"面板等。

2.1.2 自定义软件界面

用户可以通过自定义软件界面使界面更符合个人需求，从而自在从容地应用软件。下面对此进行介绍。

1. 设置首选项

执行"编辑"|"首选项"命令或按Ctrl+U组合键，打开"首选项"对话框，如图2-2所示。在"分类"列表下选择选项卡，按照操作习惯对其属性进行设置即可。

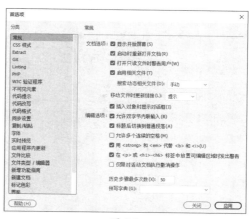

图 2-2

2. 工作区的调整

Dreamweaver软件支持用户选择工作区布局，或创建符合自己要求的工作区布局，下面对此进行介绍。

（1）选择工作区布局

执行"窗口"|"工作区布局"命令，在弹出的级联菜单中执行相应的命令可以实现工作区布局的快速切换，如图2-3所示。Dreamweaver 提供了"开发人员""标准"等工作区布局。

（2）新建工作区布局

执行"窗口"|"工作区布局"|"新建工作区"命令，打开"新建工作区"对话框，在该对话框中输入自定义工作区布局的名称，如图2-4所示，完成后单击"确定"按钮即可。新建的工作区布局名称会显示在"工作区布局"菜单中。

（3）管理工作区布局

执行"窗口"|"工作区布局"|"管理工作区"命令，打开"管理工作区"对话框，在该对话框中可以对工作区进行重命名或删除操作，如图2-5所示。

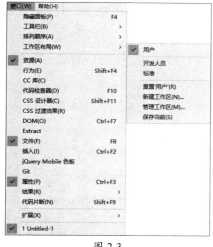

图 2-3

图 2-4

图 2-5

3. 显示/隐藏面板和工具栏

Dreamweaver软件中的面板和工具栏可以根据自身习惯及使用需要进行隐藏或显示。

（1）折叠/展开面板组

单击面板组的名称将展开或折叠面板组，图2-6所示为展开面板组时的效果。

（2）显示/隐藏工具栏

执行"窗口"|"工具栏"|"通用"命令可以显示或隐藏工具栏。若想在工具栏中隐藏部

分选项，可以单击工具栏底部的"自定义工具栏"按钮 •••，打开"自定义工具栏"对话框，如图2-7所示，在该对话框中选择选项即可。

图 2-6   图 2-7

（3）显示/隐藏面板组

单击面板组右上角的"折叠为图标"按钮 ▶▶，可以将面板组折叠为图标。执行"窗口"命令，在弹出的菜单中执行命令可以显示或隐藏面板组。

4. 自定义收藏夹

执行"插入"|"自定义收藏夹"命令，打开"自定义收藏夹对象"对话框，从"可用对象"列表框中选择经常使用的命令，单击"添加"按钮 ⟫，将其添加到"收藏夹对象"列表框中，如图2-8所示。完成后单击"确定"按钮即可。

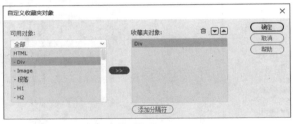

图 2-8

2.1.3 4种视图模式

Dreamweaver软件中的视图包括"代码"视图、"拆分"视图、"实时视图"和"设计"视图4种模式，如图2-9所示。选择不同的视图模式，Dreamweaver软件文档窗口中显示的内容也将有所不同，具体如下。

图 2-9

- **"代码"视图**：选择该视图模式，文档窗口中将仅显示HTML源代码。
- **"拆分"视图**：选择该视图模式，可以在文档窗口中同时看到文档的代码和设计效果。
- **"实时视图"**：选择该视图模式，可以更逼真地显示文档在浏览器中的表示形式。
- **"设计"视图**：选择该视图，文档窗口中将仅显示页面设计效果。

动手练 自定义首选项

本练习将以自定义首选项为例，介绍网页设计软件的自定义操作。具体操作如下。

步骤01 打开Dreamweaver软件，执行"站点"|"新建站点"命令，打开"站点设置对象"对话框，设置站点名称及本地站点文件夹，如图2-10所示。

步骤02 完成后单击"保存"按钮新建站点。执行"编辑"|"首选项"命令，打开"首选项"对话框，选择"常规"选项卡设置参数，如图2-11所示。

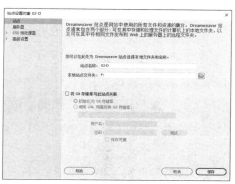

图 2-10

图 2-11

步骤03 选择"实时预览"选项卡设置参数，如图2-12所示。

步骤04 选择"文件类型/编辑器"选项卡设置参数，如图2-13所示。

图 2-12

图 2-13

步骤05 选择"界面"选项卡设置参数，如图2-14所示。完成后单击"应用"按钮应用设置。

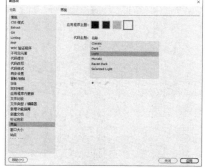

至此完成首选项的自定义设置。

图 2-14

2.2 站点的创建与管理

在制作网页之前，首先需要规划和组织站点，以有序地管理网站，避免链接错误等情况的出现。下面对此进行介绍。

2.2.1 创建站点

Dreamweaver软件支持创建本地站点和远程站点两种站点，这两种站点的作用是存储网站中使用的文件和资源。

1. 创建本地站点

本地站点主要用于存储和处理本地文件。打开Dreamweaver软件，执行"站点"|"新建站点"命令，打开"站点设置对象"对话框，如图2-15所示。在"站点名称"文本框中输入站点名称；单击"本地站点文件夹"文本框右侧的"浏览文件夹"按钮□，打开"选择根文件夹"对话框，设置本地站点文件夹的路径和名称。

完成后单击"选择文件夹"按钮，切换至"站点设置对象"对话框。单击"保存"按钮完成本地站点的创建，在"文件"面板中将显示新创建的站点，如图2-16所示。

图 2-15

图 2-16

2. 创建远程站点

远程站点和本地站点的创建方法类似，只是多了设置远程文件夹的步骤。设置完成站点名称和本地站点文件夹后，选择"服务器"选项卡，如图2-17所示。在该选项卡中添加新服务器即可。

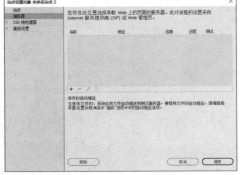
图 2-17

2.2.2　编辑站点

编辑站点的操作一般通过"管理站点"对话框实现。

1. 管理站点

通过"管理站点"对话框可以修改编辑站点的属性。新建站点后，执行"站点"|"管理站点"命令，打开"管理站点"对话框，如图2-18所示，选择要编辑的站点，单击"编辑当前选定的站点"按钮 ✎，打开"站点设置对象"对话框进行设置即可。

⊙注意事项 在"文件"面板中的"文件"下拉列表中执行"管理站点"命令，也可以打开"管理站点"对话框。

2. 复制站点

利用站点的可复制性，可以创建多个结构相同或类似的站点，再对复制的站点进行编辑调整，以达到需要的效果。

打开"管理站点"对话框，选择要复制的站点，然后单击"复制当前选定的站点"按钮 🗗，新复制的站点会出现在"管理站点"对话框的站点列表中，如图2-19所示。选中新复制的站点，单击"编辑当前选定的站点"按钮 ✎，就可以对其参数进行修改。

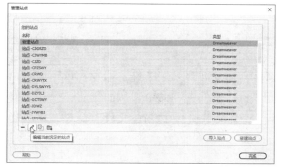

图 2-18　　　　　　　　　　　　　　　图 2-19

3. 删除站点

针对一些不需要的站点，可以将其从站点列表中删除。删除站点只是从Dreamweaver的站点管理器中删除站点的名称，其文件仍然保存在磁盘相应的位置上。

打开"管理站点"对话框，选择要删除的站点名称，单击"删除当前选定的站点"按钮 ➖，如图2-20所示。系统弹出提示对话框，询问用户是否要删除站点，若单击"是"按钮，则删除本地站点。

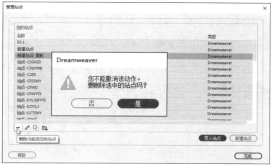

图 2-20

2.2.3 导入和导出站点

在"管理站点"对话框中，可以通过"导入站点"按钮 导入站点 和"导出当前选定的站点"按钮 实现Internet网络中各计算机之间站点的移动，或者与其他用户共享站点的设置。打开"管理站点"对话框，选择要导出的站点名称，单击"导出当前选定的站点"按钮 打开"导出站点"对话框，在该对话框中设置保存路径等参数，如图2-21所示。

设置完成后单击"保存"按钮，返回"管理站点"对话框，单击"完成"按钮即可。使用相同的方法，在"管理站点"对话框中单击"导入站点"按钮 导入站点，可以将STE文件重新导入"管理站点"对话框中，如图2-22所示。

图 2-21   图 2-22

2.2.4 新建文件或文件夹

若要在站点中创建文件夹，执行"窗口"|"文件"命令，打开"文件"面板，选中站点，在"文件"面板中右击，在弹出的快捷菜单中执行"新建文件夹"命令，从而创建一个新文件夹，如图2-23所示。选中文件夹，右击，在弹出的快捷菜单中执行"新建文件"命令，将新建文件，如图2-24所示。

图 2-23   图 2-24

✅ **知识点拨** 选中文件或文件夹后单击，可以进入编辑模式对其名称进行更改。

2.2.5 编辑文件或文件夹

在"文件"面板中，可以利用剪切、复制、粘贴等功能编辑文件或文件夹。执行"窗口"|"文件"命令，打开"文件"面板，选择一个本地站点的文件列表，选中要编辑的文件后右击，在弹出的快捷菜单中执行"编辑"命令，在其子菜单中可以执行"剪切""复制""删除"等命令，如图2-25所示。

图 2-25

2.3 文档的基础操作

网页文档的基础操作包括新建文档、打开文档、保存文档等，下面对此进行介绍。

2.3.1 新建文档

Dreamweaver支持创建HTML文档、CSS文档等多种类型的文档。执行"文件"|"新建"命令，打开"新建文档"对话框，如图2-26所示。在该对话框中选择文档类型，单击"创建"按钮即可。用户也可以选择模板选项卡，选择模板文件新建文档。

2.3.2 打开文档

Dreamweaver支持打开HTML、ASP、DWT、CSS等多种格式的文档。执行"文件"|"打开"命令，打开"打开"对话框，如图2-27所示。在该对话框中选择要打开的文件后单击"打开"按钮即可。

图 2-26

图 2-27

✅知识点拨 执行"文件"|"打开最近的文件"命令，在其子菜单中可以选择软件最近打开的文件。

2.3.3 插入文档

直接将编辑完成的文档插入网页中可以有效节省操作时间。新建网页文档，切换至"设计"视图，从文件夹中直接拖曳Excel文档或Word文档至文档窗口中，将打开"插入文档"面板，如图2-28所示。在该面板中进行设置，完成后单击"确定"按钮即可，如图2-29所示。

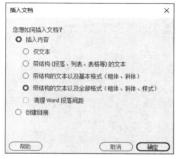

图 2-28

图 2-29

2.3.4　保存文档

在制作网页的过程中及时地保存文档，可以避免误操作关闭文档或其他情况。执行"文件"|"保存"命令，或按Ctrl+S组合键，打开"另存为"对话框，在该对话框中选择文档保存路径，并输入文件名称，如图2-30所示。完成后单击"保存"按钮保存。

图 2-30

2.3.5　关闭文档

完成网页的制作与保存后，就可以关闭网页文档。执行"文件"|"关闭"命令，或单击文档名称后的"关闭"按钮关闭当前文档。执行"文件"|"全部关闭"命令，将关闭软件中所有打开的文档。

案例实战：网页本地站点的创建

案例素材：本书实例/第2章/案例实战/网页本地站点的创建

本案例将以利农农机站点的制作为例，对站点的创建与应用进行介绍，具体操作步骤如下。

步骤 01 将本章素材文件拖曳至本地计算机文件夹中。打开Dreamweaver软件，执行"站点"|"新建站点"命令，打开"站点设置对象"对话框，设置站点名称和本地站点文件夹（存放素材的文件夹），如图2-31所示。

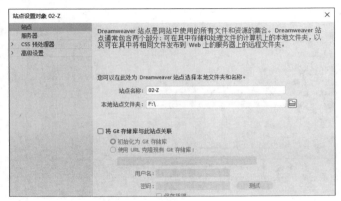

图 2-31

步骤 02 完成后单击"保存"按钮。此时"文件"面板中出现该站点文件夹中的所有文件和文件夹，如图2-32所示。

步骤 03 选中"文件"面板中的站点文件夹后右击，在弹出的快捷菜单中执行"新建文件夹"命令新建文件夹，修改其名称为image，如图2-33所示。

步骤 04 将图片素材拖曳至image文件夹中，释放鼠标左键将弹出"更新文件"对话框，如图2-34所示。

图 2-32

图 2-33

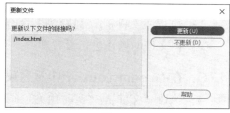

图 2-34

步骤 05 单击"更新"按钮，文件移动至image文件夹中且自动更新链接，如图2-35所示。

步骤 06 双击打开"index.html"文件，可以看到图像素材自动更新，如图2-36所示。

图 2-35

图 2-36

至此，完成利农农机网页本地站点的创建及更新操作。

Q&A 新手答疑

1. Q：为什么选择 Dreamweaver 进行网页设计？

A： Dreamweaver在网页设计领域具有显著的优点，它支持直接在软件内编辑HTML、CSS、JavaScript等网页代码，同时提供可视化的界面，让用户可以直观地看到设计的效果；内置的FTP功能使网页直接上传到服务器变得非常简单，简化了网页发布的流程。

2. Q：未保存的文档有什么特点？

A： 窗口中的文档名称后带有*号，表示文档还未保存。

3. Q：怎么另存文档？

A： 执行"文件"|"另存为"命令或按Ctrl+Shift+S组合键打开"另存为"对话框，按照保存文档的操作进行设置即可。

4. Q：在 Dreamweaver 中怎么预览网页？

A： 执行"文件"|"实时预览"命令，在其子菜单中执行命令选择合适的浏览器即可。用户也可以按F12键在主浏览器中预览，或按Ctrl+F12组合键在次浏览器中预览。

5. Q：怎么设置预览的主浏览器？

A： 执行"编辑"|"首选项"命令或按Ctrl+U组合键，打开"首选项"对话框，选择"实时预览"选项卡设置即可。

6. Q：什么是代码提示？如何使用？

A： 代码提示是Dreamweaver提供的一项功能，可以在用户输入代码时自动显示可用代码片段和属性的建议列表，提高编码效率。执行"编辑"|"首选项"命令，打开"首选项"对话框，选择"代码提示"选项卡设置即可。或执行"编辑"|"显示代码提示"命令显示代码提示。

7. Q：怎么查看文档的实时代码？

A： 执行"查看"|"实时代码"命令即可。

8. Q：怎么设置网页标题？

A： 在代码视图中找到<title></title>标签，修改其内容；或执行"文件"|"页面属性"命令打开"页面属性"对话框，在"标题/编码"选项卡中设置标题。

9. Q：保存文档时有什么命名原则？

A： 网页文档一般用小写英文或数字进行命名，以最大限度地减少在不同系统和平台之间传输文件时可能出现的编码兼容问题。基本网页的扩展名为".html"。

Dreamweaver
HTML Flash
Photoshop

第3章
制作网页
内容

本章将对网页内容的制作进行介绍。通过本章内容的学习，用户可以了解多媒体元素的插入；掌握网页文本的插入与设置、列表的添加、图像的插入与编辑；学会超链接的创建与管理等。

要点难点

- 网页文本的插入与设置
- 网页图像的插入与编辑
- 多媒体元素的插入
- 超链接的插入与管理

3.1 插入网页文本

文本是网页中信息传达的主要载体，用户可以根据需要添加或插入文本，并对其进行设置，本节将对此进行介绍。

3.1.1 插入文本

在网页中插入文本最简单的方法就是直接输入，或者导入外部文本信息。

1. 输入文本

Dreamweaver支持用户直接在文档中输入文本，移动光标至需要输入文本的地方，输入文字即可，如图3-1所示。

图 3-1

2. 导入文本

除了直接输入文本外，用户还可以导入外部的文档添加文本信息。打开需要导入文本的网页文件，从"文件"面板中选择Word文档，拖曳至文档窗口中，在弹出的"插入文档"对话框中设置参数即可，如图3-2所示。完成后单击"确定"按钮插入文档。

图 3-2

3.1.2 设置文本格式

文本格式的设置一般在"属性"面板中进行，该面板包括HTML属性检查器和CSS属性检查器两部分内容，其中在HTML属性检查器中可以设置文本的字体、大小、颜色、边距等；在CSS属性检查器中可以通过层叠样式表（CSS）设置文本格式。

1. 设置字体

在制作网页时，一般使用宋体或黑体这两种字体。宋体和黑体是大多数计算机系统中默认安装的字体，采用这两种字体，可以避免浏览网页的计算机中没有安装特殊字体，而导致网页页面不美观的问题。

选中要设置字体的文字，在"属性"面板中单击"字体"右侧的下拉按钮，在字体下拉列表中选择字体即可。

✅**知识点拨** 若需要选择其他字体，可以单击字体列表中的"管理字体"按钮，打开"管理字体"对话框进行添加。

2. 设置字体颜色

为文本设置颜色，可以突出文本信息，增强网页的表现力。选中网页文档中要设置字体颜色的文本，在"属性"面板中单击颜色按钮▣，在弹出的颜色选择器中选取颜色，或直接输入十六进制颜色数值，如图3-3所示，效果如图3-4所示。

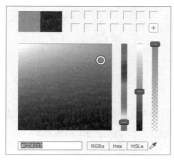

图 3-3　　　　　　　　　　　　　　　　图 3-4

3. 设置字号

字号是指字体的大小，用户可以在"属性"面板中设置文字字号。一般来说，网页中的正文字体不要太大，12～14px即可。选中网页文档中要设置字体字号的文本，在"属性"面板中单击"字号"右侧的下拉按钮，在下拉列表中选择字号即可。

> ✅ **知识点拨** 用户可以在"页面属性"对话框中，对网页中的文本格式、背景颜色等进行设置。

3.1.3 设置段落格式

段落格式的设置可以使页面中的文本更具条理。下面对段落的格式、对齐方式、缩进等设置方式进行介绍。

1. 设置段落格式

选中文本段落，在HTML属性检查器中单击"格式"右侧的下拉按钮，在下拉列表中选择并设置段落格式。图3-5所示为弹出的下拉列表。

图 3-5

2. 设置段落对齐方式

段落对齐方式是指段落相对于文件窗口（或浏览器窗口）在水平位置的对齐方式，包括"左对齐"▤、"居中对齐"▤、"右对齐"▤和"两端对齐"▤4种。

4种对齐方式的作用如下。

- **"左对齐"** ▤：设置段落相对文档窗口左对齐。
- **"居中对齐"** ▤：设置段落相对文档窗口居中对齐。
- **"右对齐"** ▤：设置段落相对文档窗口右对齐。
- **"两端对齐"** ▤：设置段落相对文档窗口两端对齐。

3. 设置段落缩进

缩进是指文档内容相对于文档窗口（或浏览器窗口）左端产生的间距。移动光标至要设置段落缩进的段落中，执行"编辑"|"文本"|"缩进"命令，设置当前段落的缩进。用户也可以单击

"属性"面板中HTML属性检查器中的"内缩区块"按钮 ≛ 或按Ctrl+Alt+】组合键设置缩进。

4. 段落换行

在Dreamweaver中，段落换行或不换行可以通过代码实现。换行标签
可以设置一段很长的文字换行，以便于浏览和阅读。

语法描述如下：

```
<br/>
```

> **⊘注意事项** 写为
标签也可以起到换行的效果。

与之相对的，用户可以通过<nobr>标签解决浏览器的限制，避免自动换行。语法描述如下：

```
<nobr> 不需换行文字 </nobr>
```

3.1.4 设置文本样式

文本样式是指文本的外观显示样式，包括文本的粗体、斜体、下画线和删除线等。选中文本，执行"编辑"|"文本"命令，在弹出的子菜单中选择合适的命令，为选中对象设置样式。图3-6所示为"文本"命令的子菜单。应用样式效果如图3-7所示。

缩进(I)	Ctrl+Alt+]
凸出(O)	Ctrl+Alt+[
粗体(B)	Ctrl+B
斜体(I)	Ctrl+I
下划线(U)	
删除线(S)	
转换成大写	
转换成小写	

图 3-6

路漫漫其修远兮，吾将上下而求索。
路漫漫其修远兮，吾将上下而求索。
<u>路漫漫其修远兮，吾将上下而求索。</u>
~~路漫漫其修远兮，吾将上下而求索。~~

图 3-7

其中常用文本样式的作用如下。
- **粗体：** 用于设置文本加粗显示。
- **斜体：** 用于设置文本斜体样式显示。
- **下划线：** 用于设置文本的下方显示一条下画线。
- **删除线：** 用于设置在文本的中部显示一条横线，表示文本被删除。

3.1.5 使用列表

在文档中使用列表可以使文本结构更加清晰。用户可以用现有文本或新文本创建无序列表、有序列表和定义列表。本节将针对这3种列表进行介绍。

1. 无序列表

无序列表常应用于列举类型的文本中。移动光标至需要设置项目列表的文档中，执行"编辑"|"列表"|"无序列表"命令，调整该段落为无序列表，如图3-8所示。

- 总经办
- 业务部
- 财务部
- 设计部
- 开发部
- 人力资源部

图 3-8

2. 有序列表

有序列表常应用于条款类型的文本中。移动光标至需要设置项目列表的文档中，执行"编辑"|"列表"|"有序列表"命令，调整该段落为有序列表，如图3-9所示。

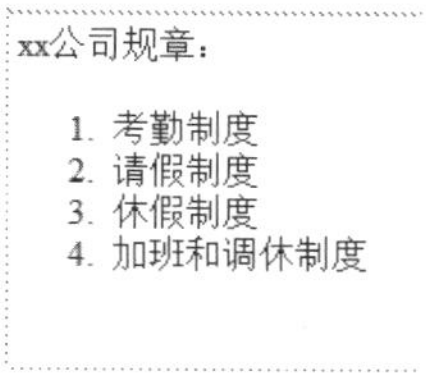

xx公司规章：

1. 考勤制度
2. 请假制度
3. 休假制度
4. 加班和调休制度

图 3-9

3. 定义列表

定义列表不使用项目符号或数字等的前缀符，通常用于词汇表或说明中。

3.1.6 在网页中插入特殊元素

在设计网页时，不可避免地要用到一些版权、货币、水平线等特殊元素，本节将对这些特殊元素的插入方式进行介绍。

1. 插入特殊符号

除了常规的字母、字符、数字外，在网页中还可以插入特殊符号，如商标符、版权符等。下面对其插入方式进行介绍。

移动光标至要插入特殊符号的位置，执行"插入"|HTML|"字符"命令，在其子菜单中选择命令即可。图3-10所示为"字符"命令的子菜单。若执行其中的"其他字符"命令，将打开"插入其他字符"对话框，如图3-11所示。在弹出的"插入其他字符"对话框中，选择需要的字符符号即可。

图 3-10

图 3-11

2. 插入水平线

水平线可以帮助浏览者区分文章标题和正文，是网页中常用到的元素。在网页中插入水平线的方式非常简单。执行"插入"|HTML|"水平线"命令，在网页中插入水平线。用户可以通过"代码"视图更改水平线的样式属性。

3. 插入日期

日期是许多网页中常见的内容，用户可以通过"插入"命令插入可更新的日期文字。移动光标至要插入日期的位置，执行"插入"| HTML |"日期"命令，打开"插入日期"对话框，如图3-12所示。在该对话框中设置参数后单击"确定"按钮即可。

图 3-12

动手练 为读书网页添加文本

📖 **案例素材：本书实例/第3章/动手练/为读书网页添加文本**

本练习将以每日读书网站首页中的文本添加为例，对网页页面的设计及文本的添加等进行介绍，具体操作步骤如下。

步骤01 打开Dreamweaver软件，新建站点，如图3-13所示。

步骤02 将本章素材文件拖曳至站点文件夹中，在"文件"面板中双击打开素材文件，如图3-14所示。将文件另存为"index.html"文件。

图 3-13

图 3-14

步骤03 选中并删除文字"此处显示id left的内容"，输入其他文字，如图3-15所示。

步骤04 执行"插入"|HTML|"水平线"命令插入水平线，如图3-16所示。

图 3-15

图 3-16

步骤05 切换至"代码"视图，在<hr>标签中输入如下代码设置水平线颜色：

```
<hr color="#DBBEAC">
```

步骤06 保存文档，按F12键预览效果，如图3-17所示。

步骤07 在水平线下方继续输入文字，如图3-18所示。

图 3-17

图 3-18

步骤08 使用相同的方法，删除文字"此处显示id right的内容"，并输入文字，如图3-19所示。

步骤 09 选中"文学常识"文字以下的文字，执行"编辑"|"列表"|"无序列表"命令，调整为无序列表，如图3-20所示。

图 3-19　　　　　　　　　　　图 3-20

步骤 10 选中"文学常识"文字，在HTML属性检查器中单击"格式"右侧的下拉按钮，在下拉列表中选择"标题3"设置段落格式，效果如图3-21所示。

步骤 11 使用相同的方法设置"首页……《记承天寺夜游》"文字段落格式为"标题3"，效果如图3-22所示。

图 3-21　　　　　　　　　　　图 3-22

步骤 12 更改"此处显示id footer的内容"文字，如图3-23所示。

图 3-23

步骤 13 移动光标至Copyright文字右侧，执行"插入"|HTML|"字符"|"版权"命令插入版权符号，如图3-24所示。

图 3-24

步骤 14 选中底部文字，执行"编辑"|"文本"|"粗体"命令加粗，效果如图3-25所示。

图 3-25

步骤 15 执行"文件"|"页面属性"命令，打开"页面属性"对话框"外观（CSS）"选项卡，设置"页面字体"为"思源黑体"、背景图像为"02.png"，如图3-26所示。

步骤 16 切换至"标题/编码"选项卡设置标题，如图3-27所示。

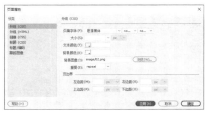

图 3-26　　　　　　　　　　　图 3-27

步骤17 完成后单击"确定"按钮，效果如图3-28所示。

步骤18 保存文件，按F12键在浏览器中预览效果，如图3-29所示。

图 3-28

图 3-29

至此完成每日读书网站首页中文本的添加。

3.2 插入网页图像

图像可以增加网页的美观性，使网页更具吸引力。本节将对Dreamweaver中图像的插入、设置等进行介绍。

3.2.1 插入图像

通过"插入"命令可以在网页文档中添加图像，美化网页页面。移动光标至要插入图像的位置，执行"插入"|Image命令或按Ctrl+Alt+I组合键，打开"选择图像源文件"对话框，如图3-30所示。在该对话框中选择要插入的图像，单击"确定"按钮在网页中插入图像，如图3-31所示。

图 3-30

图 3-31

✅知识点拨 用户也可以通过HTML语言插入图像，在"代码"视图中输入标签<img>，根据代码提示选择图片添加即可。

3.2.2 图像的属性设置

执行"窗口"|"属性"命令或按Ctrl+F3组合键打开"属性"面板，选中要设置的图像，在

"属性"面板中可查看并设置其参数，如图3-32所示。

图 3-32

该面板中的部分选项作用如下。

1. 宽和高

Dreamweaver软件中图像的宽度和高度单位为像素。插入图像时，Dreamweaver 会自动根据图像的原始尺寸更新"属性"面板中的"宽"和"高"的尺寸。如需恢复原始值，可以单击"宽"和"高"文本框标签，或单击"宽"和"高"文本框右侧的"重置为原始大小"按钮 ⊘。

若设置的"宽"和"高"值与图像的实际宽度和高度不相符，该图像在浏览器中可能不会正确显示。

2. 图像源文件

用于指定图像的源文件。单击该选项后的"浏览文件"按钮 📁 将打开"选择图像源文件"对话框，可以重新选择文件。

3.2.3　图像的对齐方式

通过设置插入图像的对齐方式，可以使页面整齐且具有条理。用户可以设置图像与同一行中的文本、图像、插件或其他元素对齐，也可以设置图像的水平对齐方式。选中图像右击，在弹出的快捷菜单中执行"对齐"命令，在弹出的子命令菜单中执行命令设置对齐，如图3-33所示。

图 3-33

Dreamweaver中包括10种图像和文字的对齐方式，下面分别对其进行介绍。

- **浏览器默认值**：设置图像与文本的默认对齐方式。
- **基线**：将文本的基线与选定对象的底部对齐，其效果与"默认值"基本相同。
- **对齐上缘**：将页面第1行中的文字与图像的上边缘对齐，其他行不变。
- **中间**：将第1行中的文字与图像的中间位置对齐，其他行不变。
- **对齐下缘**：将文本（或同一段落中的其他元素）的基线与选定对象的底部对齐，与"默认值"的效果类似。
- **文本顶端**：将图像的顶端与文本行中最高字符的顶端对齐，与顶端的效果类似。
- **绝对中间**：将图像的中部与当前行中文本的中部对齐，与"居中"的效果类似。
- **绝对底部**：将图像的底部与文本行的底部对齐，与"底部"的效果类似。

- **左对齐：** 图片将基于全部文本的左边对齐，如果文本内容的行数超过了图片的高度，则超出的内容再次基于页面的左边对齐。
- **右对齐：** 与"左对齐"相对应，图片将基于全部文本的右边对齐。

3.2.4 替换文本

"属性"面板中的"替换"选项可以指定在只显示文本的浏览器或已设置为手动下载图像的浏览器中代替图像显示的替代文本。如果用户的浏览器不能正常显示图像，则替换文字代替图像给用户以提示。对于使用语音合成器（用于只显示文本的浏览器）的有视觉障碍的用户，将大声读出该文本。在某些浏览器中，当光标滑过图像时也会显示该文本。

3.2.5 鼠标经过图像

鼠标经过图像可以制作在浏览器中查看并使用鼠标经过时发生变化的图像。创建鼠标经过图像必须有原始图像和鼠标经过图像两个图像。

移动光标至要插入图像的位置，执行"插入" | HTML | "鼠标经过图像"命令，打开"插入鼠标经过图像"对话框，如图3-34所示。在该对话框中设置"原始图像"和"鼠标经过图像"，如图3-35所示。完成后单击"确定"按钮即可。

图 3-34   图 3-35

动手练 为餐具网页添加图像

📄 **案例素材：** 本书实例/第3章/动手练/为餐具网页添加图像

本练习将以米格餐具网页图像添加为例，对图像的添加与应用进行介绍，具体操作步骤如下。

步骤 01 新建站点，将素材文件拖曳至本地站点文件夹中，在"文件"面板中双击打开HTML文档，如图3-36所示。

步骤 02 删除文本"此处显示id banner的内容"，执行"插入" | Image命令，打开"选择图像源文件"对话框，选择要添加的图像，如图3-37所示。

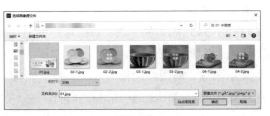

图 3-36   图 3-37

步骤 03 完成后单击"确定"按钮插入本章素材图像，如图3-38所示。

步骤 04 删除文本"此处显示id txt的内容"，输入文本并设置格式为"标题2"，效果如图3-39所示。

图 3-38

图 3-39

步骤 05 删除文本"此处显示id left的内容"，执行"插入"|HTML|"鼠标经过图像"命令，打开"插入鼠标经过图像"对话框，设置原始图像、鼠标经过图像及替换文本，如图3-40所示。

步骤 06 完成后单击"确定"按钮，效果如图3-41所示。

图 3-40

图 3-41

步骤 07 使用相同的方法删除文本"此处显示id middle的内容"并添加鼠标经过图像，如图3-42和图3-43所示。

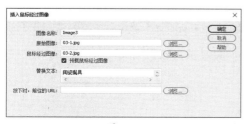

图 3-42

图 3-43

步骤 08 重复操作，删除文本"此处显示id right的内容"并添加鼠标经过图像，如图3-44和图3-45所示。

图 3-44

图 3-45

步骤 09 保存文件，按F12键预览效果，如图3-46和图3-47所示。

图 3-46

图 3-47

步骤 10 删除文本"此处显示id footer的内容"，并输入文字，设置其格式为"标题5"，效果如图3-48所示。

步骤 11 保存文件，按F12键在浏览器中预览效果，如图3-49所示。

图 3-49

图 3-48

至此完成米格餐具网页图像的插入与设置。

3.3 插入多媒体元素

音视频等多媒体元素可以丰富网页页面效果，增强网页的吸引力。本节将对其插入方式进行介绍。

3.3.1 插入HTML 5 Video元素

在HTML 5网页中可以通过插入HTML 5 Video元素的方式插入视频。HTML 5 Video元素支持Ogg、MPEG 4和WebM三种视频格式。

移动光标至要插入HTML 5 Video元素的位置，执行"插入"|HTML|"HTML 5 Video"命令，在网页中插入一个Video元素，选中该元素，在"属性"面板中设置Video元素的参数，如图3-50所示。

图 3-50

该面板中部分常用选项作用如下。

- **W/H**：用于设置视频播放器的宽度和高度。
- **源**：用于设置要播放的视频的URL，添加HTML 5 Video元素后，需要设置源才可以播放视频。
- **Controls**：勾选该复选框可以显示播放按钮等控件。
- **AutoPlay**：勾选该复选框，视频在就绪后马上播放。
- **Loop**：勾选该复选框将循环播放视频。
- **Preload**：勾选该复选框，则视频在页面加载时进行加载并预备播放。若勾选AutoPlay复选框则忽略该属性。

用户也可以直接在"代码"视图<body></body>标签之间输入相应的代码插入HTML 5 Video元素：

```
<body>
<video width="960" height="640" controls="controls" >
    <source src="07.mp4" type="video/mp4">
</video>
</body>
```

插入HTML 5 Video元素并设置源素材后，保存文档按F12键在浏览器中预览效果，如图3-51所示。

图 3-51

3.3.2 插入HTML 5 Audio元素

HTML 5网页中可以通过插入Audio元素的方式插入音频，Audio元素能够播放声音文件或者音频流，支持Ogg Vorbis、MP3和WAV3种音频格式。

移动光标至要插入HTML 5 Audio元素的位置，执行"插入"｜HTML｜"HTML 5 Audio"命令，在网页中插入一个Audio元素，选中该元素后可以在"属性"面板中设置Audio元素的参数，如图3-52所示。

图 3-52

用户也可以直接在"代码"视图<body></body>标签之间输入相应的代码插入HTML 5

Audio元素：

```
<body>
<audio controls>
    <source src="打字.wav" type="audio/wav">
</audio>
</body>
```

 动手练 为视频网页添加小视频

📎 **案例素材：** 本书实例/第3章/动手练/为网页添加小视频

本练习将以青鸟视频网页中视频元素的添加为例进行介绍，具体操作步骤如下。

步骤01 打开本章素材文件，如图3-53所示，将其另存为"index.html"文件。

步骤02 删除文本"此处显示id left-1的内容"，执行"插入"| HTML |"HTML 5 Video"命令，在网页中插入一个Video元素，如图3-54所示。

图 3-53　　　　　　　　　　　　　　图 3-54

步骤03 选中插入的Video元素，在"属性"面板中设置宽度为640px、高度为360px，如图3-55所示。

图 3-55

步骤04 效果如图3-56所示。

步骤05 继续选中Video元素，在"属性"面板中单击"源"右侧的"浏览"按钮，打开"选择视频"对话框选择视频文件，如图3-57所示。

图 3-56　　　　　　　　　　　　　　图 3-57

步骤 06 完成后单击"确定"按钮。按
Ctrl+S组合键保存文件，按F12键在浏览器中
预览效果，如图3-58所示。

至此完成青鸟视频网页视频元素的添加
与设置。

图 3-58

3.4 创建超链接

超链接是网页中的重要组成元素，可以将网络中的资源联系在一起，使其成为一个有机的
整体。本节将对超链接的知识进行介绍。

3.4.1 超链接路径

超链接是网页中非常重要的元素，它可以在网页和网页之间建立联系，把互联网中的网站
和网页构成一个整体。超链接由锚端点和目标端点构成，通过相对路径和绝对路径实现网站的
内部和外部链接，其中锚端点是指单击的位置，目标端点是跳转的目标。本节将对超链接的相
关知识进行介绍。

1. 相对路径

相对路径无须给出目标端点完整的URL地址，只要给出相对于源端点的位置即可。一般可
以将其分为文档相对路径和站点根目录相对路径两种类型。

（1）文档相对路径

文档相对路径对于有大多数站点的本地链接来说是最合适的路径。在当前文档与所链接的
文档处于同一文件夹内时，且可能保持这种状态的情况下，文档相对路径特别有用。文档相对
路径还可用来链接到其他文件夹中的文档，其方法是利用文件夹层次结构，指定从当前文档到
所链接的文档的路径。文档相对路径的基本思想是省略掉对于当前文档和所链接的文档都相同
的绝对路径部分，而只提供不同的路径部分。

（2）站点根目录相对路径

站点根目录相对路径指从站点的根文件夹到文档的路径。一般只在处理使用多个服务器的
大型Web站点或在使用承载多个站点的服务器时使用这种路径。移动包含站点根目录相对链接
的文档时，不需要更改这些链接，因为链接是相对于站点根目录的，而不是文档本身。但是，
如果移动或重命名由站点根目录相对链接所指向的文档，则即使文档之间的相对路径没有改
变，也必须更新这些链接。

2. 绝对路径

绝对路径是指包括服务器规范在内的完全路径，通常使用"http://"来表示。与相对路径相比，采用绝对路径的优点在于它同链接的源端点无关。只要网站的地址不变，无论文档在站点中如何移动，都可以正常实现跳转。

采用绝对路径的缺点在于这种方式的链接不利于测试。如果在站点中使用绝对地址，要想测试链接是否有效，必须在Internet服务器端对链接进行测试。

3.4.2　创建超链接

网页中的链接种类有很多种，如文本链接、电子邮件链接、图像链接、锚点链接等。下面对不同类型超链接的创建进行介绍。

1. 文本链接

文本链接是以文本为源端点创建的超链接，是网页中常用的一种链接方式，通过文本链接可以实现文本跳转的相关操作。Dreamweaver中一般通过以下4种方法创建文本链接。

（1）直接输入链接路径

在文档窗口中选中要创建链接的文字，在"属性"面板中的"链接"文本框中输入要链接的文件的路径即可，如图3-59所示。

图 3-59

（2）"浏览文件"按钮

选中要创建链接的文字，在"属性"面板中单击"链接"文本框右侧的"浏览文件"按钮📁，打开"选择文件"对话框选择要链接的文件，在底部"相对于"下拉列表中选择"文档"选项，单击"确定"按钮即可，如图3-60所示。

图 3-60

❶注意事项 在"选择文件"对话框中，"文档"表示使用文件相对路径来链接；"站点根目录"表示使用站点根目录相对路径来链接。

（3）"指向文件"按钮

除了以上两种方法，用户还可以通过"属性"面板中的"指向文件"按钮⊕创建超链接。

选中要创建链接的文字，在"属性"面板中单击"指向文件"按钮⊕，按住鼠标左键并拖曳至
"文件"面板中要链接的文件上，松开鼠标左键创建链接。

> ⚠**注意事项** 在"页面属性"对话框的"链接（CSS）"选项卡中可以设置链接的相关属性。

（4）通过HTML创建超链接

在HTML中创建超链接需要使用<a>标记，具体格式为：

```
<a href="URL" target="_blank">链接</a>
```

href属性控制链接到的文件地址，target属性控制目标窗口，target=blank表示在新窗口打开
链接文件，如果不设置target属性，则表示在原窗口中打开链接文件。在<a>和</a>之间可以用
任何可单击的对象作为超链接的源，如文字或图像。

常见的超链接是指向其他网页的超链接。如果超链接的目标网页位于同一站点，则可以使
用相对URL；如果超链接的目标网页位于其他位置，则需要指定绝对URL。创建超链接的方式
如下：

```
<a href="http://www.dssf007.com">线上课堂</a>
<a href="test2.htm" >网页test2</a>
```

2. 电子邮件链接

电子邮件链接是指用户单击时直接打开电子邮件，并以设置好的邮箱地址作为收信人的链
接。一般电子邮件链接有以下3种创建方法。

（1）使用"插入"命令

选中需要创建电子邮件链接的对象，执行
"插入"|HTML|"电子邮件链接"命令，打开
"电子邮件链接"对话框，如图3-61所示。在
该对话框中输入邮箱地址即可。

图 3-61

（2）使用"属性"面板

选中需要创建电子邮件链接的对象，在
"属性"面板的"链接"下拉文本框中输入"mailto：邮箱地址"即可。

（3）使用代码

若将超链接代码中的href属性的取值指定为"mailto:电子邮件地址"，则可以获得指向电子
邮件的超链接。设置电子邮件超链接的HTML代码如下：

```
<a href=" mailto:01010101@126.com" >01010101</a>
```

浏览用户单击该超链接后，系统将自动启动邮件客户程序，并将指定的邮件地址填写到
"收件人"栏中，用户可以编辑并发送邮件。

3. 空链接

空链接是指没有指定具体链接目标的链接。选中要创建链接的对象，在"属性"面板的
"链接"文本框中输入"#"即可。

4. 图像链接

图像链接是指通过图像创建的超链接，创建后用户可以通过单击图像打开链接内容。一般可以分为图像链接和图像热点链接。下面对此进行介绍。

（1）图像链接

选中要建立链接的图像，单击"属性"面板的"链接"文本框右侧的"浏览文件"按钮🖿，打开"查找文件"对话框进行设置即可。用户也可以直接在"代码"视图中输入相应的代码设置图像链接：

```
<body>
<a href="#"><img src="02.jpg" width="1280" height="853" alt=""/></a>
</body>
```

（2）图像热点链接

图像热点链接可以在一个图像中创建多个热点链接，当用户单击某个热点时，将打开对应的链接内容。

图像热点是一个非常实用的功能。图像映射是将整张图片作为链接的载体，将图片的整个部分或某一部分设置为链接。热点链接的原理是利用HTML语言在图片上定义一定形状的区域，然后给这些区域加上链接，这些区域被称为热点或热区。常用的热点工具包括以下3种。

- **矩形热点工具**□：单击"属性"面板中的"矩形热点工具"按钮□，在图像上拖动鼠标左键绘制出矩形热区，如图3-62所示。
- **圆形热点工具**○：单击"属性"面板中的"圆形热点工具"按钮○，在图上拖动鼠标左键绘制出圆形热区。
- **多边形热点工具**▽：单击"属性"面板中的"多边形热点工具"按钮▽，在图上多边形的每个端点位置上单击绘制出多边形热区。

图 3-62

绘制完热点后，在"属性"面板的"链接"文本框中输入路径或单击"浏览文件"按钮🖿，打开"查找文件"对话框进行设置即可。若想选中绘制完成的热点，可以使用"属性"面板中的"指针热点工具"▸进行选择与调整。

5. 锚点链接

锚点链接是指目标端点位于网页中某个指定位置的超链接。在创建锚点链接时首先需要创建链接的目标端点并为其命名，然后再创建到该锚点的链接。

在"文档"窗口中选中要作为锚点的项目，在"属性"面板中为其设置唯一的ID。在"设计"视图中，选中要从其创建链接的文本或图像，在"属性"面板的"链接"文本框中输入数字符号（#）和锚点ID即可。用户也可以选择要从其创建链接的文本或图像，按住"属性"面板的"链接"文本框右侧的"指向文件"按钮拖曳至要链接到的锚点上。

3.4.3 管理网页超链接

为了避免超链接出现问题，用户可以通过自动更新链接、检查链接效果、修复链接等功能管理网页超链接。

1. 自动更新链接

当本地站点中的文档发生移动或重命名，Dreamweaver可更新来自和指向该文档的链接，直到将本地文件放在远程服务器上，或将其存回远程服务器后才更改远程文件夹中的文件。因此该功能适用于将整个站点（或其中完全独立的一部分）存储在本地磁盘上的情况。

为了加快更新过程，Dreamweaver可创建一个缓存文件，用以存储有关本地文件夹中所有链接的信息。在添加、更改或删除指向本地站点上的文件的链接时，该缓存文件以不可见的方式进行更新。

执行"编辑"|"首选项"命令，打开"首选项"对话框。选择"常规"选项卡，在"文档选项"选项组下，在"移动文件时更新链接"下拉列表中可以选择"总是""提示"或"从不"选项，如图3-63所示。

3种选项的作用如下。

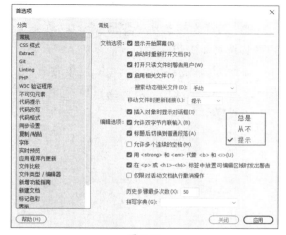

图 3-63

- **总是**：选择该选项，当移动或重命名选定的文档时，Dreamweaver将自动更新指向该文档的所有链接。
- **提示**：选择该选项，在移动文档时，Dreamweaver将显示一个对话框提示是否进行更新，在该对话框中列出了此更改被影响的所有文件。单击"更新"按钮将更新这些文件中的链接。
- **从不**：选择该选项，在移动或重命名选定文档时，Dreamweaver不自动更新指向该文档的所有链接。

2. 检查站点中的链接错误

发布网页前需要对网站中的超链接进行测试，为了节省检查时间，Dreamweaver中的"链接检查器"面板就提供了对整个站点的链接进行快速检查的功能。通过这一功能，可以找出断掉的链接、错误的代码和未使用的孤立文件等，以便进行纠正和处理。

打开网页文档，执行"站点"|"站点选项"|"检查站点范围的链接"命令，或执行"窗口"|"结果"|"链接检查器"命令，打开"链接检查器"面板，在"显示"下拉列表中可以选择查看检查结果的类别，如图3-64所示。

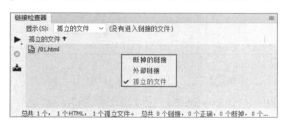

图 3-64

单击左侧的"检查链接"按钮 ▶，在弹出的菜单中可以选择检查范围是当前文档中的链接、站点中所选文件的链接还是整个当前本地站点的链接。

3. 修复链接

修复链接是指重新设置检查出的断掉链接，一般通过以下两种方式实现。

● 双击"链接检查器"面板右侧列表中断掉链接的"文件"中的文件名，Dreamweaver会在"代码"视图和"设计"视图中定位链接出错的位置，同时"属性"面板也会指示出链接，便于用户修改。

● 在"链接检查器"面板"断掉的链接"列表中单击，直接修改链接路径，或单击"浏览文件"按钮重新定位链接文件。

动手练 为装饰网页添加超链接

📖 **案例素材：本书实例/第3章/动手练/为装饰网页添加超链接**

本练习将以美家装饰网页的制作为例，介绍网页超链接的应用，具体操作步骤如下。

步骤 01 打开本章素材文件，如图3-65所示，另存为"index.html"文件。

图 3-65

步骤 02 选中顶部图片，单击"属性"面板中的"矩形热点工具"按钮 ▢，在"定制方案"上拖动鼠标左键绘制矩形热区，如图3-66所示。

图 3-66

步骤 03 在"属性"面板中单击"链接"文本框右侧的"浏览文件"按钮 📁，打开"查找文件"对话框，选择链接文件，如图3-67所示。

步骤 04 完成后单击"确定"按钮创建链接，如图3-68所示。

图 3-67　　　　　　　　　　　　　　　　　图 3-68

步骤 05 单击"属性"面板中的"矩形热点工具"按钮□，在"联系我们"文本上拖动鼠标左键绘制矩形热区，如图3-69所示。

图 3-69

步骤 06 在"属性"面板的"链接"文本框中输入"mailto:123@163.com"创建电子邮件链接，如图3-70所示。

步骤 07 选中底部的"家居装饰分享"文字，在"属性"面板的"链接"文本框中设置链接的Word文档，如图3-71所示。

步骤 08 此时页面中的文字变为蓝色，如图3-72所示。

步骤 09 执行"文件"|"页面属性"命令，打开"页面属性"对话框，选择"链接（CSS）"选项卡，设置"链接颜色"和"下画线样式"，如图3-73所示。

步骤 10 完成后单击"确定"按钮应用效果，如图3-74所示。

图 3-70

图 3-71

图 3-73

图 3-72　　　　　　　　　　　　　　　　　图 3-74

步骤 11 保存文件，按F12键测试预览，链接效果如图3-75～图3-78所示。

图 3-75

图 3-76

图 3-77

图 3-78

至此完成美家装饰网页中超链接的制作。

综合实战：制作影音网站首页

    案例素材：本书实例/第3章/案例实战/制作影音网站首页

本案例将以曲乐影音网站首页的制作为例，对网页中图像及多媒体元素的添加进行介绍，具体操作步骤如下。

步骤01 打开本章素材文件，如图3-79所示，将其另存为"index.html"文件。

图 3-79

步骤 02 删除文本"此处显示id nav的内容",执行"插入"|Image命令,打开"选择图像源文件"对话框,选择要打开的素材文件,如图3-80所示。

步骤 03 完成后单击"确定"按钮插入图像,如图3-81所示。

图 3-80

图 3-81

步骤 04 删除文本"此处显示id banner的内容",执行"插入"|HTML|"HTML 5 Video"命令,在网页中插入一个Video元素,在"属性"面板中设置宽为960px、高为540px,如图3-82所示。

图 3-82

步骤 05 单击"源"右侧的"浏览"按钮 ,打开"选择视频"对话框选择视频文件,如图3-83所示。

步骤 06 完成后单击"确定"按钮,效果如图3-84所示。

图 3-83

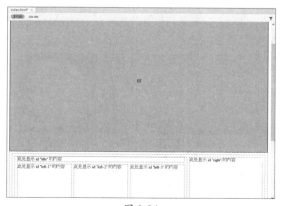

图 3-84

步骤 07 删除文本"此处显示id title的内容",执行"插入"|Image命令插入素材图像,如图3-85所示。

步骤 08 删除文本"此处显示id right的内容",从"文件"面板中拖曳"04.jpg"素材至文档中，如图3-86所示。

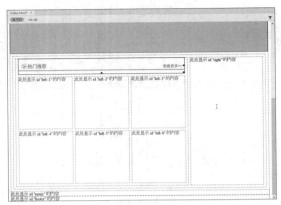

图 3-85　　　　　　　　　　　　　　　　图 3-86

步骤 09 删除文本"此处显示id left-1的内容"，执行"插入" | HTML | "鼠标经过图像"命令，打开"插入鼠标经过图像"对话框，设置原始图像、鼠标经过图像及替换文本，如图3-87所示。

步骤 10 完成后单击"确定"按钮，效果如图3-88所示。

图 3-87　　　　　　　　　　　　　　　　图 3-88

步骤 11 使用相同的方法制作其他鼠标经过图像效果，如图3-89和图3-90所示。

图 3-89　　　　　　　　　　　　　　　　图 3-90

步骤 12 删除文本"此处显示id music的内容"，执行"插入" | HTML | "HTML 5 Audio"命令，在网页中插入一个Audio元素，如图3-91所示。

图 3-91

步骤 13 选中插入的Audio元素，在"属性"面板中单击"源"右侧的"浏览"按钮 ▣，打开"选择音频"对话框选择音频文件，如图3-92所示。

图 3-92

步骤 14 完成后单击"确定"按钮添加源。删除文本"此处显示id footer的内容"，执行"插入"|Image命令插入素材文件，如图3-93所示。

图 3-93

步骤 15 保存文件，按F12键预览效果，如图3-94和图3-95所示。

图 3-94

图 3-95

至此，完成曲影音网页首页图像及多媒体元素的添加与调整。

ⓆⒶ 新手答疑

1. Q：插入的日期怎么自动更新？

A： 在"插入日期"对话框中勾选"储存时自动更新"复选框，在保存网页文档时系统会自动更新日期。

2. Q：如何添加网页背景图像？

A： 若想为网页添加背景，可以通过"页面属性"对话框"外观（CSS）"选项卡实现。单击"属性"面板中的"页面属性"按钮，打开"页面属性"对话框，选择"外观（CSS）"选项卡，设置背景图像即可。

3. Q：制作鼠标经过图像效果时，图像大小怎么变了？

A： 鼠标经过图像中的两个图像大小应相等，否则Dreamweaver将调整第二个图像的大小以与第一个图像的属性匹配。

4. Q：怎么设置链接在浏览器中的打开方式？

A： 创建完文本链接后，在"属性"面板中设置"目标"参数，可以设置链接在浏览器中的打开方式。该参数包括"默认""_blank""new""_parent""_self"和"_top"6种选项，其中较为常用的5种选项作用如下。

- _blank：在新窗口打开目标链接。
- new：在名为链接文件名称的窗口中打开目标链接。
- _parent：将链接的文件加载到含有该链接的框架的父框架集或父窗口中。如果包含链接的框架不是嵌套的，则链接文件加载到整个浏览器窗口中。
- _self：将链接的文件加载到该链接所在的同一框架或窗口中。此目标是默认的，所以通常不需要指定它。
- _top：在浏览器整个窗口中打开目标链接。

5. Q：怎么创建链接至同一文件夹中对应 ID 的锚点？

A： 若想链接至同一文件夹内其他文档中对应ID的锚点，可以在数字符号（#）和锚点ID之前添加"filename.html"。

6. Q：如何通过链接下载文件？

A： 用户可以通过下载链接实现文件下载，其创建步骤与文本链接一致，区别在于下载链接的文件不是网页文件，而是".exe"".doc"".rar"等类型的文件。选中要添加下载文件链接的对象，在"属性"面板的"链接"下拉文本框中设置链接的文件即可。设置完成后按F12键预览，单击该链接对象将下载链接的文件。

Dreamweaver
HTML Flash
Photoshop

第4章
设计
网页布局

本章将对网页布局的设计进行介绍。通过本章内容的学习，用户可以了解网页布局类型；掌握表格元素的添加与编辑、Div的创建、盒模型的基础知识；学会表格式网页布局、CSS的简单设置等。

 要点难点

- 常见网页布局类型
- 表格元素的添加与设置
- 表格布局网页
- Div的基础知识及创建
- 盒模型

4.1 网页布局类型

网页布局就是根据浏览器分辨率的大小确定网页的尺寸，然后根据网页表现内容和风格将页面划分成多个板块，在各自的板块插入对应的网页元素，如文本、图像、Flash等。表格式网页布局和Div+CSS式网页布局是Dreamweaver中常用的两种布局方式，这两种方式各有优劣，下面对此进行介绍。

1. 表格式网页布局

表格式网页布局是指通过表格实现网页内容的布局和定位，这种布局方式可以有效地组织数据，使整个页面整洁清晰。其优点如下。

- 直观易用，通过行和列可以轻松地划分页面区域，精准排列内容。
- 通过嵌套表格，还可以制作更加复杂的网页界面。

表格式网页布局也有难以避免的缺点。

- 当嵌套层级过深或内容过多时，会增加页面体积，导致加载速度变慢。
- 需要调整布局时，往往需要修改整个表格结构，维护困难。
- 不支持灵活的自适应屏幕大小变化，无法方便地实现响应式网页设计。

2. Div+CSS 式网页布局

Div+CSS是目前较为主流的网页布局方式，它是通过HTML中的<div>标签划分页面内容区域，通过CSS（层叠样式表）定义这些区块的外观、行为等，实现网页布局的目的。这种布局方式可以实现网页内容与表现形式的分离，且代码结构清晰，便于维护。

4.2 用表格布局网页

表格是Dreamweaver中较为常用的工具，用户可以通过表格及其单元格，精确定位网页中的元素。下面对网页中的表格进行介绍。

4.2.1 插入表格

表格不仅可以在页面中显示规范化数据，还可以布局网页内容，使网页整齐美观。下面对网页设计中表格的添加进行介绍。

1. 表格的组成

表格由行、列和单元格组成，如图4-1所示。在一个表格中，横向的称为行，纵向的称为列；行与列交叉的部分称为单元格；单元格中的内容和单元格边框之间的距离称为边距；单元格和单元格之间的距离称为间距；整个表格的边缘称为边框。

图 4-1

2. 插入表格

在网页文档中将光标移动至要插入表格的位置，执行"插入"| Table命令，或按Ctrl+Alt+T组合键打开Table对话框，如图4-2所示。在该对话框中设置参数后，单击"确定"按钮即可根据设置插入表格。

该对话框中各选项作用如下。

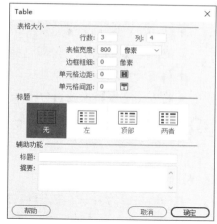

图 4-2

- **行数、列**：用于设置表格行数和列数。
- **表格宽度**：用于设置表格的宽度。右侧的下拉列表中可以设置表格宽度的单位，包括百分比和像素两种。
- **边框粗细**：用于设置表格外边框的宽度。若设置为0，浏览时看不到表格的边框。
- **单元格边距**：单元格内容和单元格边界之间的距离。
- **单元格间距**：单元格之间的距离。
- **标题**：用于定义表头样式，包括无、左、顶部和两者4种。选择"无"选项则不启用行或列标题；选择"左"选项将启用表格的第1列作为标题列；选择"顶部"选项将启用表格的第1行作为标题行；选择"两者"选项则同时启用列标题和行标题。
- **辅助功能-标题**：设置显示在表格上方的表格标题。
- **辅助功能-摘要**：用于给出表格的说明，不会显示在浏览器中。

4.2.2 表格属性

新建或选中表格后，可以在"属性"面板中设置表格属性，以控制表格显示效果。下面对此进行介绍。

1. 设置表格属性

选中整个表格后可以在"属性"面板中设置表格属性参数，图4-3所示为选中表格的"属性"面板。

图 4-3

表格"属性"面板中各选项作用如下。

- **表格名称**：用于设置表格的ID。
- **行和列**：用于设置表格中行和列的数量。
- **Align**：用于设置表格在页面中的对齐方式，包括默认、左对齐、居中对齐和右对齐4个选项。
- **CellPad**：用于设置单元格边距。

- **CellSpace**：用于设置单元格间距。
- **Border**：用于设置表格边框的宽度。
- **Class**：用于设置表格CSS类。
- **清除列宽**和**清除行高**：用于清除设置的列宽和行高。
- **将表格宽度转换成像素**：将表格宽度由百分比转为像素。
- **将表格宽度转换成百分比**：将表格宽度由像素转换为百分比。

> **注意事项** 表格格式设置的优先顺序为单元格、行、表格，即单元格格式设置优先于行格式设置，行格式设置优先于表格格式设置。

2. 设置单元格属性

选中表格中的某一个单元格，在"属性"面板中可设置该单元格的属性，如图4-4所示。

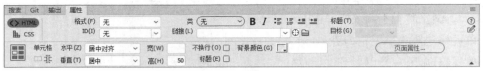

图 4-4

单元格"属性"面板中各选项作用如下。

- **水平**：设置单元格中对象的水平对齐方式，包括"默认""左对齐""居中对齐"和"右对齐"4个选项。
- **垂直**：设置单元格中对象的垂直对齐方式，包括"默认""顶端""居中""底部"和"基线"5个选项。
- **宽、高**：用于设置单元格的宽与高。
- **不换行**：勾选该复选框后，单元格的宽度将随文字长度的增加而加长。
- **标题**：勾选该复选框后，即可将当前单元格设置为标题行。
- **背景颜色**：用于设置单元格的背景颜色。

3. 表格的属性代码

通过在"代码"视图中添加width、border等属性代码，同样可以设置表格参数。表4-1所示为常用的表格代码。

表4-1

属性代码	作用	示例
width属性	用于指定表格或某一个表格单元格的宽度，单位可以是像素或百分比	\<table width="400" >
height属性	用于指定表格或某一个表格单元格的高度，单位可以是像素或百分比	\<table height="200" >
border属性	用于设置表格的边框及边框的粗细。值为0时不显示边框；值为1或以上时显示边框，值越大，边框越粗	\<table border="1" >

属性代码	作用	示例
bordercolor属性	用于指定表格或某一个表格单元格边框的颜色。值为#号加十六进制代码	<table bordercolor="#FF0000">
bordercolorlight属性	用于指定表格亮边框的颜色	<table bordercololightr="#FFF000">
bordercolordark属性	用于指定表格暗边边框的颜色	<table bordercolordark="#00FF00">
bgcolor属性	用于指定表格或某一个表格单元格的背景颜色	<td bgcolor="#FFBE00">
background属性	用于指定表格或某一个表格单元格的背景图像	<table background="images/01.jpg">
cellspacing属性	用于指定单元格间距，即单元格和单元格之间的距离	<table cellspacing="10">
cellpadding属性	用于指定单元格边距，即单元格边框和单元格中内容之间的距离	<table cellpadding="12">
align属性	用于指定表格或某一表格单元格中内容的垂直水平对齐方式。属性值有left（左对齐）、center（居中对齐）和right（右对齐）	<td align="center">
valign属性	用于指定单元格中内容的垂直对齐方式。属性值有top（顶端对齐）、middle（居中对齐）、bottom（底部对齐）和baseline（基线对齐）	<td valign="baseline">

4.2.3 编辑表格

在应用表格时，用户可以通过增减表格的行或列、合并单元格、拆分单元格等操作编辑表格，使其可以直观清晰地展示内容。本节将对表格的编辑操作进行介绍。

1. 复制和粘贴表格

复制、粘贴单个单元格或多个单元格可以节省表格制作的时间，提高效率，在复制时用户可以选择保留单元格的格式设置。若要粘贴多个表格单元格，剪贴板的内容必须和表格的结构或表格中将粘贴这些单元格的部分兼容。

打开网页文档，选中要复制的表格，如图4-5所示，执行"编辑"|"复制"命令或按Ctrl+C组合键，复制对象。移动光标至表格要粘贴的位置，执行"编辑"|"粘贴"命令或按Ctrl+V组合键粘贴，效果如图4-6所示。

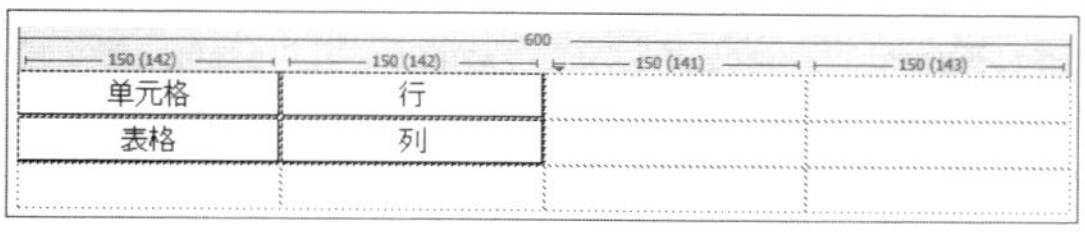

图 4-5

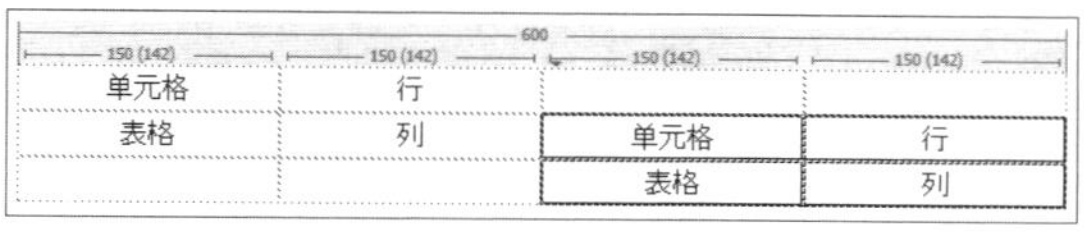

图 4-6

2. 增减表格的行和列

打开网页文档，单击某个单元格，执行"编辑"|"表格"|"插入行"命令或按Ctrl+M组合键，即可在插入点上方插入1行表格，如图4-7所示。若执行"编辑"|"表格"|"插入列"命令

或按Ctrl+Shift+A组合键，将在插入点左侧插入1列表格，如图4-8所示。

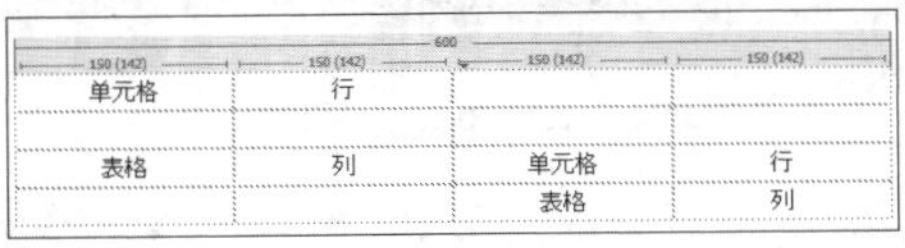

单元格	行		
表格	列	单元格	行
		表格	列

图 4-7

单元格	行		
表格	列	单元格	行
		表格	列

图 4-8

　　用户也可以执行"编辑"|"表格"|"插入行或列"命令，打开"插入行或列"对话框进行设置。

3. 删除表格和清除表格内容

　　删除表格会一同删除表格中的内容，清除表格内容只会清除表格中的内容而不影响表格。下面对此进行介绍。

- **删除表格：** 选中整个表格，按Delete键即可删除表格及表格内的内容。若只是想删除某行或某列单元格，可以选中整行或整列后按Delete键删除。
- **清除表格内容：** 当单个单元格或多个单元格不能构成整行或整列时，只能清除单元格中的内容而不删除表格。用户可以选择要清除的单元格后按Delete键删除其中的内容。

4. 合并或拆分单元格

　　合并或拆分单元格可以丰富表格效果，使其呈现出不规则的质感。下面对单元格的拆分和合并进行介绍。

　　（1）合并单元格

　　选中网页文档中表格中连续的单元格，执行"编辑"|"表格"|"合并单元格"命令，即可合并单元格。合并的单元格将应用所选的第一个单元格的属性，单个单元格的内容将被放置在最终的合并单元格中。图4-9和图4-10所示为合并单元格前后效果对比。

单元格	行		
表格	列	单元格	行
		表格	列

图 4-9

单元格	行	
表格列单元格行		
	表格	列

图 4-10

　　选中要合并的单元格后，单击"属性"面板中的"合并所选单元格，使用跨度"按钮，也可以将选中的单元格合并。

　　（2）拆分单元格

　　选中表格中要拆分的单元格，执行"编辑"|"表格"|"拆分单元格"命令，打开"拆分单元格"对话框，如图4-11所示。在该对话框中设置参数后，单击"确定"按钮即可拆分单元格。也可以单击要拆分的单元格，在"属性"面板中单击"拆分单元格为行或列"按钮，打开"拆分单元格"对话框设置参数，拆分单元格。

图 4-11

动手练 制作建筑企业网页

📖 **案例素材：本书实例/第4章/动手练/制作建筑网页**

本练习将以春林建筑网页制作为例，对表格的应用与编辑进行介绍，具体操作如下。

步骤01 新建站点与文件，并将素材文件拖曳至本地站点文件夹中，如图4-12所示。

步骤02 双击打开新建的文件，执行"插入"| Table命令打开Table对话框，设置表格参数，如图4-13所示。

图 4-12　　　　　　　　　　　　　图 4-13

步骤03 完成后单击"确定"按钮创建主表格，如图4-14所示。

图 4-14

步骤04 移动光标至第一行单元格中，执行"插入"| Image命令插入本章素材图像，如图4-15所示。

图 4-15

步骤05 使用相同的方法在第四行单元格中插入素材图像，如图4-16所示。

图 4-16

63

步骤 06 设置主表格第二行和第三行单元格水平居中。在第二行单元格内单击，执行"插入"|Table命令打开Table对话框，设置表格参数，如图4-17所示。完成后单击"确定"按钮新建表格，如图4-18所示。

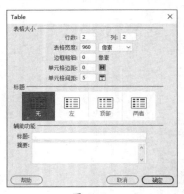

图 4-17

图 4-18

步骤 07 选中新建表格的第一列单元格，在"属性"面板中设置"宽"为360，如图4-19所示。

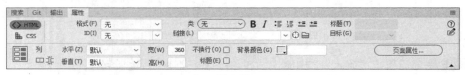

图 4-19

步骤 08 使用相同的方法，设置新建表格的第一行单元格高度为40，第二行单元格高度为203，效果如图4-20所示。

步骤 09 在第一行单元格中输入文字，并设置"文字字体"为"思源黑体"、"大小"为"x-large"、"样式"为normal、"粗细"为bold、"颜色"为"#015DF0"，效果如图4-21所示。

图 4-20

图 4-21

步骤 10 移动光标至第二行第一个单元格中，执行"插入"|HTML|"HTML 5 Video"命令插入视频元素，并设置其宽为360像素、高为203像素，如图4-22所示。

图 4-22

步骤 11 选中视频元素，在"属性"面板中设置其"源"为素材"02.mp4"，如图4-23所示。

图 4-23

步骤 12 移动光标至第二行第二个单元格中，执行"插入"｜Table命令打开Table对话框，设置表格参数，如图4-24所示。完成后单击"确定"按钮新建表格，如图4-25所示。

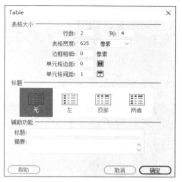

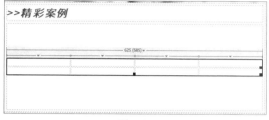

图 4-24   图 4-25

步骤 13 选中新建表格的单元格，在"属性"面板中设置其宽为144像素、高为100像素，并设置水平居中对齐，效果如图4-26所示。

步骤 14 在新建表格的单元格中插入图像，效果如图4-27所示。

图 4-26   图 4-27

步骤 15 设置主表格的第三行单元格背景颜色为"#015DF0"，在该单元格中插入表格，如图4-28和图4-29所示。

图 4-28   图 4-29

步骤 16 选中新建的表格，在"属性"面板中设置参数，如图4-30所示。

图 4-30

步骤17 在新建表格的单元格中添加文字，并设置缩进，字体大小设置为12px、颜色为白色、标题文字格式为"标题3"，效果如图4-31所示。

图 4-31

步骤18 保存文件，按F12键预览效果，如图4-32所示。

至此，完成建筑企业网页的制作。

图 4-32

4.3 Div与CSS布局基础

Div + CSS布局更加灵活且易于维护，是目前较为常用的布局方式，本节将对其基础知识进行介绍。

4.3.1 Div概述

Div（DIVision，划分）用于在页面中定义一个区域，使用CSS样式控制Div元素的表现效果。Div可以将复杂的网页内容分割成独立的区块，一个Div可以放置一张图片，也可以显示一行文本。简单来讲，Div就是容器，可以存放任何网页显示元素。

CSS（Cascading Style Sheet，层叠样式表）是一种描述网页显示外观的样式定义文件，Div（Division，层）是网页元素的定位技术，可以将复杂网页分割成独立的Div区块，再通过CSS技术控制Div的显示外观，这就构成了目前主流的网页布局技术——Div+CSS。

4.3.2 创建Div

在使用Div布局网页前需要现在网页中创建Div区块，在Dreamweaver中，用户可以在"代码"视图中添加<div></div>标签创建Div，也可以通过执行"插入"命令或通过"插入"面板插入Div。

新建网页文档，执行"插入"|Div命令，打开"插入Div"对话框，在该对话框中进行相

应设置，如图4-33所示。设置完成后单击"确定"按钮，即可在网页文档中插入Div。

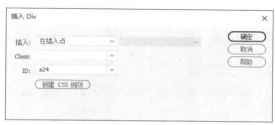

图 4-33

或执行"窗口"|"插入"命令，打开"插入"面板，选择HTML选项中的Div进行插入。

4.3.3　CSS布局方法

目前主流的网页布局方式是采用Div+CSS布局，使用Div表示网页划分出的多个板块，再由CSS样式对Div进行定位和样式描述，将网页内容插入Div中，这种布局方法不会为网页插入太多设计代码，网页结构清晰明了，而且网页下载速度快。

1. 盒模型

盒模型是CSS样式布局的重要概念，它是指将页面中的HTML元素及其周围的空间看成一个"盒子"，该盒子占据着一定的页面空间。用户可以通过调整盒子的边框和距离等参数调节盒子的位置。

一个盒模型由内容（content）、边框（border）、内边距（padding）和外边距（margin）4部分组成。内容是盒模型的中心，呈现盒子的主要信息内容；内边距指元素内容区域和边框之间的控件；边框是围绕元素内容和内边距的边界，可以使用CSS样式设置边框的样式和粗细；外边距用于调节边框以外的空白间隔，使盒子之间不会紧凑地链接在一起。

盒模型的每个区域都可再具体分为Top、Bottom、Left、Right四个方向，多个区域的不同组合决定了盒子的最终显示效果。图4-34所示为盒模型示例效果。

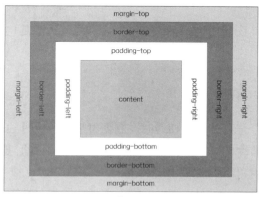

图 4-34

在对盒子进行定位时，可以通过总宽度和总高度来描述。

总宽度=margin-left+border-left+padding-left+width+padding-right+ border-right+margin-right

总高度=margin-top+border-top+padding-top+height+padding-bottom+ border-bottom+margin-bottom

在CSS中可以通过设定width和height的值来控制内容区的大小。对于任何一个盒子，都可以分别设定4条边各自的边框（border）、内边距（padding）和外边距（margin）。因此只要利用好盒子的这些属性，就能够实现各种各样的排版效果。

2. 外边距设置

margin属性可以设置外边距，margin边界环绕在该元素的content区域四周。若margin的值为0，则margin边界与border边界重合。

margin属性可以使用像素、毫米、厘米和em等，也可以设置为auto（自动）。常见的做法是为外边距设置长度值，允许使用负值。表4-2所示为外边距属性。

表4-2

属性	定义
margin	简写属性。在一个声明中设置所有的外边距属性
margin-top	设置元素的上边距
margin-right	设置元素的右边距
margin-bottom	设置元素的下边距
margin-left	设置元素的左边距

margin属性代码一般有以下4种描述方式。

（1）margin:15px、10px、15px、20px。

代码含义：上外边距是15px，右外边距是10px，下外边距是15px，左外边距是20px。

该代码中margin的值是按照上、右、下、左顺序进行设置的，即从上边距开始按照顺时针方向旋转。

（2）margin:15px、10px、20px。

代码含义：上外边距是15px，右外边距和左外边距是10px，下外边距是20px。

（3）margin:8px、16px。

代码含义：上外边距和下外边距是8px，右外边距和左外边距是16px。

（4）margin:12px。

代码含义：上下左右边距都是12px。

3. 外边距合并

外边距合并是指当两个垂直外边距相遇时，它们将形成一个外边距。合并后的外边距的高度等于两个发生合并的外边距的高度中的较大者。在实践中对网页进行布局时，它会造成许多混淆。以下3种情况都有可能出现外边距合并的现象。

- 当一个元素出现在另一个元素上面时，第一个元素的下外边距与第二个元素的上外边距会发生合并。

- 当一个元素包含在另一个元素中时（假设没有内边距或边框把外边距分隔开），它们的上/下外边距也会发生合并。

- 外边距甚至可以与自身发生合并。假设有一个空元素，它有外边距，但是没有边框或内边距。在这种情况下，上外边距与下外边距就碰到了一起，它们也会发生合并。

若需要在页面布局中避免发生这种外边距合并的现象，尤其是在父级元素与子级元素产生外边距合并时，可以通过添加边框消除外边距带来的困扰。

4. 内边距设置

CSS中的padding属性控制元素的内边距。padding属性定义元素边框与元素内容之间的空白区域，接受长度值或百分比值，但不允许使用负值。

若希望所有 h1 元素的各边都有5像素的内边距，代码描述如下：

```
h1 {padding: 5px;}
```

用户还可以按照上、右、下、左的顺序分别设置各边的内边距，各边均可以使用不同的单位或百分比值，如下所示：

```
h1 {padding: 5px 0.3em 4ex 10%;}
```

完整代码如下：

```
h1 {
  padding-top: 5px;
  padding-right: 0.3em;
  padding-bottom: 4ex;
  padding-left: 10%;
}
```

也可以为元素的内边距设置百分数值。百分数值是相对于其父元素的width计算的，这一点与外边距一样。所以，如果父元素的width改变，它们也会改变。

把段落的内边距设置为父元素width的20%的代码如下所示：

```
p {padding: 20%;}
```

若一个段落的父元素是div元素，那么它的内边距要根据div的width计算：

```
<div style="width: 300px;">
 <p>This paragragh is contained within a DIV that has a width of 300 pixels.</p>
</div>
```

> ✅ **知识点拨** 上下内边距与左右内边距一致，即上下内边距的百分数会相对于父元素宽度设置，而不是相对于高度设置。

动手练 制作首饰店网页

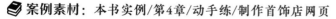

📑 **案例素材：** 本书实例/第4章/动手练/制作首饰店网页

本练习将以首饰店网页的制作为例，介绍Div和CSS的应用，具体操作步骤如下。

步骤 01 新建站点和文件，双击打开新建的文件，执行"窗口"|"CSS设计器"命令，打开"CSS设计器"面板，单击"源"选项组中的"添加CSS源"按钮➕，在弹出的快捷菜单中执行"创建新的CSS文件"命令，打开"创建新的CSS文件"对话框，设置参数，如图4-35所示。完成后单击"确定"按钮新建CSS文件。

步骤 02 执行"插入"| Div命令，打开"插入Div"对话框，在该对话框中进行相应设置，如图4-36所示。完成后单击"确定"按钮，在网页文档中插入Div。

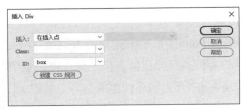

图 4-35　　　　　　　　　　　　　　　图 4-36

步骤 03 在"CSS设计器"面板中新建"#box"选择器，在"属性"选项卡中设置参数，如图4-37所示。

步骤 04 删除文本"此处显示id box的内容"，在ID为box的Div中插入ID为Top的Div，如图4-38所示。

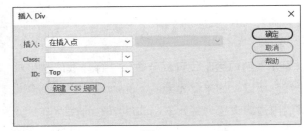

图 4-37　　　　　　　　　　　　　　　图 4-38

步骤 05 删除文本"此处显示id Top的内容"，执行"插入"| Image命令插入本章素材文件，效果如图4-39所示。

步骤 06 切换至"拆分"视图，移动光标至<div id="Top"></div>之后，执行"插入"| Div命令，插入ID为main的Div，如图4-40所示。

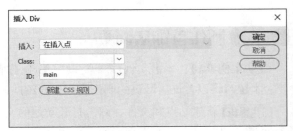

图 4-39　　　　　　　　　　　　　　　图 4-40

步骤 07 选中ID为main的Div，在"CSS设计器"面板中新建"#main"选择器，设置参数，如图4-41所示。

步骤 08 新建选择器 ".txt1"，在"属性"选项卡中设置参数，如图4-42所示。

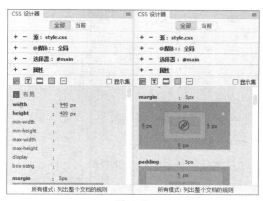 

<div style="text-align:center">图 4-41   图 4-42</div>

步骤 09 新建选择器 ".txt2"，在"属性"选项卡中设置参数，如图4-43所示。

步骤 10 删除文本"此处显示id main的内容"，输入文本，如图4-44所示。

步骤 11 选中文本"当季新款"，在"属性"面板中设置目标规则为".txt1"，选中文本"New season"，在"属性"面板中设置目标规则为".txt2"，效果如图4-45所示。

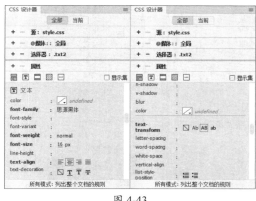

当季新款New season

图 4-44

当季新款NEW SEASON

图 4-45

<div style="text-align:center">图 4-43</div>

步骤 12 切换至"代码"视图，移动光标至<div id="main"></div>之间、<span class="txt2">New season</span>之后，执行"插入"|"无序列表"命令，插入无序列表，执行"插入"|"列表项"命令插入列表项，执行"插入"| Image命令插入本章素材图像，效果如图4-46所示。

步骤 13 在</li>标签之后继续插入列表项及图像素材，重复操作，效果如图4-47所示。

 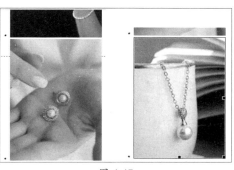

<div style="text-align:center">图 4-46   图 4-47</div>

步骤 14 此时`<div id="main"></div>`标签之间的代码如下：

```
<div id="main"><span class="txt1"> 当季新款 </span><span class="txt2">New season</span>
    <ul>
        <li><img src="02.jpg" width="220" height="300" alt=""/></li>
        <li><img src="03.jpg" width="220" height="300" alt=""/></li>
        <li><img src="04.jpg" width="220" height="300" alt=""/></li>
    </ul>
    </div>
```

步骤 15 新建"#main ul li"选择器，在"属性"面板中设置参数，如图4-48所示。

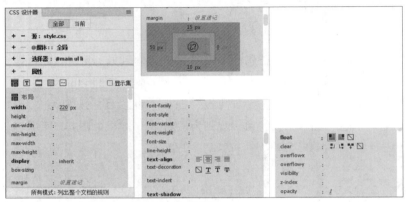

图 4-48

步骤 16 效果如图4-49所示。

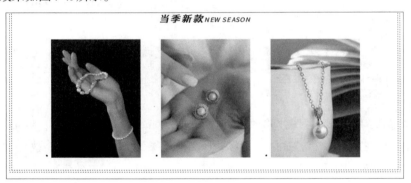

图 4-49

步骤 17 切换至"代码"视图，在最后一个`</div>`标签之前插入ID为footer的Div，效果如图4-50所示。

步骤 18 删除文本"此处显示id footer的内容"，输入文本，如图4-51所示。

图 4-50   图 4-51

步骤 19 新建"#footer"选择器，在"属性"面板中设置参数，如图4-52所示。

步骤 20 效果如图4-53所示。

步骤 21 保存文件，按F2键在浏览器中预览效果，如图4-54所示。

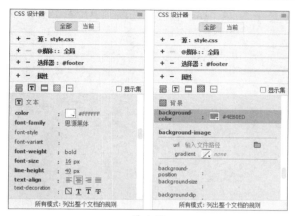

图 4-52

图 4-53

图 4-54

至此完成首饰店网页的制作。

综合实战：制作咖啡小店网页

案例素材：本书实例/第4章/案例实战/制作咖啡网页

本案例将以咖啡小店网页的制作为例，对Div和CSS的创建与应用进行介绍，具体操作步骤如下。

步骤 01 新建站点和文件，双击打开新建的文件，执行"窗口"|"CSS设计器"命令，打开"CSS设计器"面板，单击"源"选项组中的"添加CSS源"按钮➕，在弹出的快捷菜单中执行"创建新的CSS文件"命令，打开"创建新的CSS文件"对话框，设置参数，如图4-55所示。完成后单击"确定"按钮新建CSS文件。

图 4-55

步骤 02 执行"插入"|Div命令，打开"插入Div"对话框设置参数，如图4-56所示。完成后单击"确定"按钮插入Div。

图 4-56

步骤 03 在"CSS设计器"面板中新建选择器"#box"，设置属性参数，如图4-57所示。

步骤 04 删除文本"此处显示id box的内容"，执行"插入"|Div命令，插入ID为top的Div，

在ID为top的Div之后插入ID为main的Div和ID为footer的Div，如图4-58所示。

步骤 05 在"CSS设计器"面板中新建"#main"选择器，在"属性"选项卡中设置参数，如图4-59所示。

图 4-57　　　　　　　　　　　　　图 4-58　　　　　　　　　　　　　图 4-59

步骤 06 效果如图4-60所示。

图 4-60

步骤 07 删除文本"此处显示id main的内容"，插入ID为left和ID为right的Div，如图4-61所示。

图 4-61

步骤 08 新建"#left"选择器，设置属性参数，如图4-62所示。

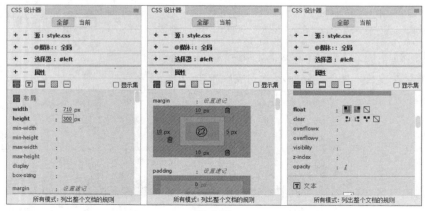

图 4-62

步骤 09 新建"#right"选择器，设置属性参数，如图4-63所示。

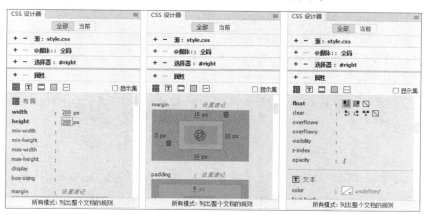

图 4-63

步骤 10 新建"#footer"选择器，设置属性参数，如图4-64所示。

步骤 11 效果如图4-65所示。

步骤 12 修改文本"此处显示id footer的内容"，效果如图4-66所示。

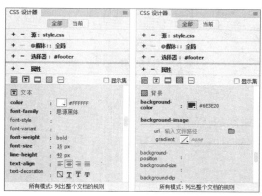

图 4-64

图 4-65

图 4-66

步骤 13 删除文本"此处显示id top的内容"，插入本章素材文件，效果如图4-67所示。

步骤 14 新建选择器".txt"，设置属性参数，如图4-68所示。

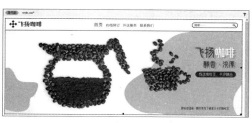

图 4-67

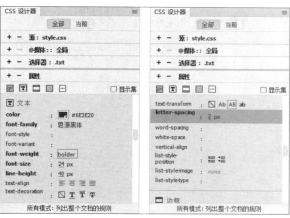

图 4-68

步骤15 删除文本"此处显示id left的内容"，输入文本，在"属性"面板中设置其目标规则为".txt"，效果如图4-69所示。

步骤16 使用相同的方法删除"此处显示id right的内容"，输入文本，在"属性"面板中设置其目标规则为".txt"，效果如图4-70所示。

图 4-69	图 4-70

步骤17 切换至"代码"视图，移动光标至<div class="txt" id="left"></div>之间、文本"品质之选"之后，执行"插入"|"无序列表"命令，插入无序列表，执行"插入"|"列表项"命令插入列表项，执行"插入"|Image命令插入本章素材图像，效果如图4-71所示。

步骤18 在</li>标签之后继续插入列表项及图像素材，重复操作，效果如图4-72所示。

图 4-71	图 4-72

步骤19 此时<div class="txt" id="left"> </div>标签之间的代码如下：

```
<div class="txt" id="left">品质之选
    <ul>
    <li><img src="02.jpg" width="200" height="200" alt=""/></li>
        <li><img src="03.jpg" width="200" height="200" alt=""/></li>
        <li><img src="04.jpg" width="200" height="200" alt=""/></li>
    </ul>
</div>
```

步骤20 新建"#left ul li"选择器，在"属性"面板中设置参数，如图4-73所示。

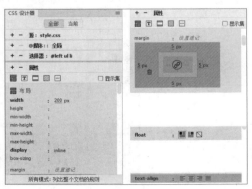

图 4-73

步骤 21 效果如图4-74所示。

图 4-74

步骤 22 使用相同的方法在<div class="txt" id="right"></div>之间、文本"咖啡知识"之后插入无序列表及文本，并新建"#right ul li"选择器，设置参数，如图4-75所示。

步骤 23 效果如图4-76所示。

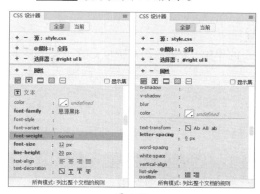

图 4-75

图 4-76

步骤 24 保存文件，按F12键预览效果，如图4-77所示。

图 4-77

至此完成咖啡小店网页的制作。

Q&A 新手答疑

1. Q：表格式布局最适合那种类型的网页内容？

　　A：表格布局最适合呈现数据密集型的内容，例如统计数据、比分表或者时间表等，而不是用于整个页面的布局结构。

2. Q：为什么要避免使用内联样式进行布局？

　　A：内联样式直接写在HTML元素中，这使得样式难以重用和维护。将CSS放在外部样式表中，可以使结构（HTML）、样式（CSS）和行为（JavaScript）分离，提高网页的可维护性和可读性。

3. Q：<div> 标签的主要用途是什么？

　　A：<div>是一个块级元素，主要用于布局和组织内容，常与CSS结合使用，以实现各种视觉效果。

4. Q：CSS 中的 em、px 和 rem 单位有什么区别？

　　A：px是固定单位，em是相对于其父元素的字体大小的单位，rem是相对于根元素（<html>）的字体大小的单位。

5. Q：如何实现一个元素的圆角边框？

　　A：使用border-radius属性。

6. Q：什么是 Web 无障碍性（Web Accessibility），在布局中应该如何考虑？

　　A：Web无障碍性是指使网站能够被所有人（包括残障人士）方便地使用。在布局中，应确保内容结构清晰、导航简单易用，并使用适当的语义化标签。

7. Q：Div+CSS 布局的优势是什么？

　　A：Div+CSS布局提供了更大的灵活性和控制，使得创建响应式设计变得更容易。它允许开发者通过CSS精确控制布局，而不是依赖于表格的结构，从而创建出更加语义化和可访问的网页。

8. Q：<thead>、<tbody> 和 <tfoot> 标签的作用是什么？

　　A：这些标签用于定义表格的头部（<thead>）、主体（<tbody>）和尾部（<tfoot>）。这种划分有助于文档的逻辑结构，并允许对各部分进行独立的样式设计和脚本操作。

9. Q：如何使用 CSS 实现响应式布局？

　　A：通过媒体查询（Media Queries）和百分比宽度等技术，可以根据不同屏幕尺寸调整布局和样式，实现响应式设计。

Dreamweaver
HTML Flash
Photoshop

第5章
使用 CSS
美化网页

本章将对CSS美化网页的操作进行介绍。通过本章内容的学习，用户可以了解CSS的基础知识；掌握CSS的定义、CSS设计器的应用；学会CSS样式的创建、CSS属性的设置，以及CSS规则定义等。

要点难点

- 选择器的类型与基础语法
- CSS设计器的应用
- CSS属性的设置
- CSS规则定义

5.1 创建CSS样式

　　CSS（Cascading Style Sheets，层叠样式表）是一种用于表现HTML或XML等文件样式的计算机语言，主要用于控制网页的外观和布局，下面对其进行介绍。

5.1.1 CSS的定义

　　CSS格式设置规则由选择器和声明两部分组成，选择器是标识已设置格式元素的术语，声明大多数情况下为包含多个声明的代码块，用于定义样式属性。声明又包括属性和值两部分。

1. CSS 语法

　　CSS基本语法如下：

　　选择器{属性名:属性值;}即selector{properties:value;}

　　选择器、属性和属性值的作用分别如下。

- **选择器**：用于定义CSS样式名称，以选择对应的HTML元素进行设置。每种选择器都有各自的写法。
- **属性**：属性是CSS的重要组成部分，是修改网页中元素样式的根本。
- **属性值**：属性值是CSS属性的基础。所有的属性都需要有一个或以上的属性值。

2. 选择器

　　CSS中的选择器分为标签选择器、类选择器、ID选择器、复合选择器等，不同选择器的作用也有所不同。下面对不同类型的选择器进行介绍。

　　（1）标签选择器

　　一个HTML页面由很多不同的标签组成，CSS标签选择器就是声明哪些标签采用哪种CSS样式。如：

```
h1{color:green; font-size:16px;}
```

　　这里定义了一个h1选择器，针对网页中所有的<h1>标签都会自动应用该选择器中所定义的CSS样式，即网页中所有的<h1>标签中的内容都以大小为16px的绿色字体显示。

　　（2）类选择器

　　类选择器用来定义某一类元素的外观样式，可应用于任何HTML标签。类选择器的名称由用户自定义，一般需要以"."作为开头。

　　（3）ID选择器

　　ID 选择器类似于类选择器，用来定义网页中某一个特殊元素的外观样式，ID选择器的名称由用户自定义，一般需要以"#"作为开头。在网页中应用ID选择器定义的外观时，需要在应用样式的HTML标签中添加"id"属性，并将ID选择器名称作为其属性值进行设置。

　　（4）复合选择器

　　复合选择器可以同时声明风格完全相同或部分相同的选择器。当有多个选择器使用相同的设置时，为了简化代码，可以一次性为它们设置样式，并在多个选择器之间加上","来分隔它们，当格式中有多个属性时，则需要在两个属性之间用";"来分隔。

✅**知识点拨** 执行"插入"|Div命令，打开"插入Div"对话框，在该对话框中单击"新建CSS规则"按钮，打开"新建CSS规则"对话框，可设置选择器类型及选择器名称等内容。也可以在"CSS设计器"面板"选择器"选项组中添加。

5.1.2　CSS设计器

"CSS设计器"面板可以创建CSS样式及选择器等内容，执行"窗口"|"CSS设计器"命令，打开"CSS设计器"面板，如图5-1所示。

"CSS设计器"面板中的各选项组作用如下。

- **源**：与项目相关的CSS文件的集合。可用于创建样式表、附加样式表和删除内部样式表。
- **@媒体**：用于定义媒体查询，以方便设计师和和开发者根据媒体类型和特定的设备特性应用不同的样式规则，实现响应式网页设计。
- **选择器**：用于定义所选源的选择器。
- **属性**：用于设置与所选的选择器相关的属性。

图 5-1

5.1.3　创建CSS样式

通过"CSS设计器"面板可以创建内部或外部CSS样式，下面对此进行介绍。

1. 创建新的 CSS 文件

"创建新的CSS文件"选项可以创建新CSS文件并将其附加到文档。

新建文档，打开"CSS设计器"面板，单击"源"选项组中的"添加CSS源"按钮**+**，在弹出的快捷菜单中执行"创建新的CSS文件"命令，如图5-2所示。打开"创建新的CSS文件"对话框，如图5-3所示。

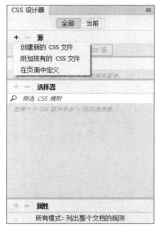

图 5-2

图 5-3

在该对话框中单击"浏览"按钮，打开"将样式表文件另存为"对话框，在该对话框中设置参数，如图5-4所示。单击"保存"按钮，返回"创建新的CSS文件"对话框，如图5-5所示。
单击"确定"按钮即可。

图 5-4　　　　　　　　　　　　　　　图 5-5

　　此时"CSS设计器"面板中的"源"选项组中将出现新创建的外部样式，如图5-6所示。单击"选择器"选项组中的"添加选择器"按钮➕，在"选择器"选项组中将出现文本框，用户根据要定义的样式的类型输入名称，如定义类选择器body，如图5-7所示。选中定义的类选择器，在"属性"选项组中可以设置相关的属性，如图5-8所示。

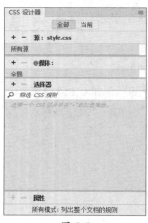

图 5-6　　　　　　　　　　　图 5-7　　　　　　　　　　　图 5-8

2. 附加现有的 CSS 文件

　　用户还可以为不同网页的HTML元素附加相同的外部样式，以节省操作时间。附加外部样式有多种方式。

- 执行"文件"|"附加样式表"命令。
- 执行"工具"|CSS|"附加样式表"命令。
- 打开"CSS设计器"面板，单击"源"选项组中的"添加CSS源"按钮➕，在弹出的快捷菜单中执行"创建附加现有的CSS文件"命令。

　　通过这3种方式，都可以打开"使用现有的CSS文件"对话框，如图5-9所示。单击"浏览"按钮，打开"选择样式表文件"对话框选择CSS文件，单击"确定"按钮，返回"使用现有的

CSS文件"对话框，单击"确定"按钮，完成外部样式的附加。"使用现有的CSS文件"对话框中部分选项作用如下。

- **链接**：选中该单选按钮，外部CSS样式是以链接的形式出现在网页文档中，生成<link>标签。
- **导入**：选中该单选按钮，外部CSS样式将导入网页文档中，生成<@Import>标签。

3. 在页面中定义

"在页面中定义"命令可以将CSS文件定义在当前文档中，即内联样式表。在"CSS设计器"面板中，单击"源"选项组中的"添加CSS源"按钮＋，在弹出的快捷菜单中执行"在页面中定义"命令，在"源"选项组中即会出现<style>标签，完成CSS文件的定义，如图5-10所示。

图 5-9

图 5-10

5.1.4 CSS属性

CSS属性可以调整网页元素的格式和外观，是CSS样式的重要组成部分。在Dreamweaver软件中，用户可以选中选择器后在"属性"选项组中设置CSS属性，该选项组中包括布局、文本、边框和背景4个属性列表，下面分别进行介绍。

1. 布局

"布局" ▦ 属性列表中包括与网页元素布局相关的属性，如图5-11所示。

该属性列表中各选项功能如下。

- **width**：设置网页元素的宽度。下方的min-width和max-width属性分别设置元素的最小和最大宽度。
- **height**：设置网页元素的高度。下方的min-height和max-height属性分别设置元素的最小和最大高度。
- **display**：设置网页元素的显示方式和类型。

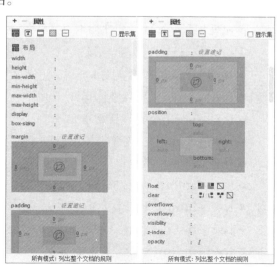

图 5-11

- **box-sizing**：以特定方式定义某个区域的特定元素。
- **margin**：设置网页元素边框外侧的距离。
- **padding**：设置网页元素内容与边框的距离。
- **position**：设置网页元素的定位类型。
- **float**：设置网页元素的浮动。
- **clear**：设置元素的哪一侧没有浮动元素。
- **overflow-x**：设置当元素内容超过指定宽度时如何管理。
- **overflow-y**：设置当元素内容超过指定高度时如何管理。
- **visibility**：设置元素可见性。
- **z-index**：设置元素的堆叠顺序。数值大的元素位于数值小的元素前面，仅作用于定位元素。
- **opacity**：设置元素的不透明级别。

2. 文本

"文本" 属性列表中包括与文本相关的属性，如图5-12所示。

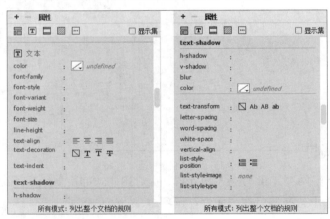

图 5-12

该属性列表中各选项功能如下。

- **color**：设置文本颜色。
- **font-family**：设置文本字体。
- **font-style**：设置字体样式。
- **font-variant**：设置文本变体。
- **font-weight**：设置字体粗细。
- **font-size**：设置字号。
- **line-height**：设置行高。
- **text-align**：设置文本的对齐方式。
- **text-decoration**：控制文本和链接文本的显示形态。
- **text-indent**：设置文本缩进。
- **text-shadow::**设置文本阴影效果。

- text-transform：设置文本大小写。
- letter-spacing：设置字符间距。
- word-spacing：设置文本间距。
- white-space：空格。
- vertical-align：控制文本或图像相对于其上级元素的垂直位置。
- list-style-position：设置项目符号位置。
- list-style-image：设置项目符号图像。
- list-style-type：设置项目符号或编号。

3. 边框

"边框" □属性列表中包括与块元素边框相关的属性，如图5-13所示。

该属性列表中各选项功能如下。

- border：用于控制块元素边框。
- width：用于设置边框线宽度。
- style：用于设置边框线线型。
- color：用于设置边框线颜色。
- border-radius：用于设置边框圆角。
- border-collapse：用于设置边框是否合并显示。
- border-spacing：用于设置相邻单元格边框间的距离。

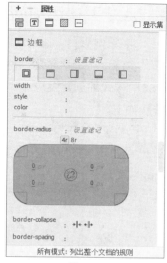

图 5-13

4. 背景

"背景" □属性列表中包括与网页背景相关的属性，如图5-14所示。

该属性列表中各选项功能如下。

- background-color：用于设置网页背景颜色。
- background-image：用于设置网页背景图像及图像渐变。
- background-position：用于设置背景图像的起始位置。
- background-size：用于设置背景图像的高度和宽度。
- background-clip：用于设置背景的裁剪区域。
- background-repeat：用于设置背景图像的平铺方式。
- background-origin：用于设置背景图像的基准位置。
- background-attachment：用于设置背景图像是固定还是滚动。
- box-shadow：用于设置盒子区域阴影效果。

图 5-14

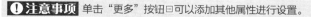

注意事项 单击"更多"按钮□可以添加其他属性进行设置。

动手练 美化运动网页

📖 **案例素材：** 本书实例/第5章/动手练/美化运动网页

本练习将以启乐运动网页的制作为例，对CSS的样式的创建及应用进行介绍。具体操作步骤如下。

步骤01 打开本章素材文件，按F12键预览效果，如图5-15所示。将文件另存为"index.html"文件。

图 5-15

步骤02 执行"窗口"|"CSS设计器"命令，打开"CSS设计器"面板，单击"源"选项组中的"添加CSS源"按钮➕，在弹出的快捷菜单中执行"创建新的CSS文件"命令，打开"创建新的CSS文件"对话框，设置参数，如图5-16所示。完成后单击"确定"按钮新建CSS文件。

步骤03 单击"选择器"选项组中的"添加选择器"按钮➕新建选择器，输入名称为".text1"，如图5-17所示。

步骤04 选中添加的选择器，在"属性"选项组中设置文本属性，如图5-18所示。

图 5-16

图 5-17

图 5-18

步骤 05 选中文本"运动设备",在"属性"面板中设置目标规则为".text1",如图5-19所示。

图 5-19

步骤 06 使用相同的方法,设置文本"在线订购""交流合作""关于启乐"和"联系我们"的目标规则为".text1",效果如图5-20所示。

图 5-20

步骤 07 新建类选择器".text2",并设置文本属性和背景属性,如图5-21和图5-22所示。

图 5-21

图 5-22

步骤 08 选中文本"首页",在"属性"面板中设置目标规则为".text2",效果如图5-23所示。
步骤 09 新建类选择器".text3",并设置文本属性,如图5-24所示。

图 5-23

图 5-24

步骤 10 选中文本"关于启乐"和"产品系列"，设置其目标规则为".text3"，效果如图5-25所示。

图 5-25

步骤 11 新建类选择器".text4"，并设置文本属性，如图5-26所示。

步骤 12 选中文本"专业团队""精湛工艺"和"优质售后"，设置其目标规则为".text4"，效果如图5-27所示。

图 5-26

图 5-27

步骤 13 新建类选择器".text5"，并设置文本属性，如图5-28所示。

步骤 14 选中文本"专业防具""健身运动器材"，设置其目标规则为".text5"，效果如图5-29所示。

图 5-28

图 5-29

步骤 15 新建类选择器".text6"，并设置文本属性，如图5-30所示。

步骤 16 选中最底部文本，设置其目标规则为".text6"，效果如图5-31所示。

步骤 **17** 保存文件，按F12键在浏览器中预览效果，如图5-32所示。

图 5-30

图 5-31

图 5-32

至此，完成运动网页的美化操作。

5.2 CSS规则定义

通过"CSS规则定义"对话框同样可以编辑CSS属性，该对话框中包括类型、背景、区块、方框、边框、列表、定位、扩展和过渡9个选项卡。本节将对这9个选项卡进行介绍。

5.2.1 类型

在"CSS设计器"面板中选中选择器中的CSS规则，在"属性"面板中设置"目标规则"为选中对象，单击"编辑规则"按钮，打开"CSS规则定义"对话框，如图5-33所示。

"类型"选项卡中的相关属性介绍如下。

- **Font-family**：用于指定文本的字体，多个字体之间以逗号分隔，按照优先顺序排列。

- **Font-size**：用于指定文本中的字体大小，可以直接指定字体的像素（px）大小，也可以采用相对设置值。

- **Font-weight**：指定字体的粗细。

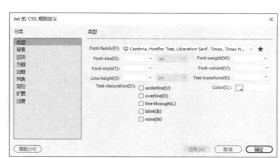

图 5-33

- Font-style：用于设置字体的风格。
- Font-variant：设置文本变体。
- Line-height：用于设置文本所在行的高度。
- Text-transform：可以控制将选定内容中的每个单词的首字母大写或者将文本设置为全部大写或小写。
- Text-decoration：向文本中添加下画线、上画线或删除线，或使文本闪烁。
- Colors：用于设置文本的颜色。

5.2.2 背景

"背景"选项卡中选项的功能主要是在网页元素后面添加固定的背景颜色或图像，如图5-34所示。

该选项卡中的相关属性介绍如下。

- Background-color：用于设置CSS元素的背景颜色。
- Background-image：用于定义背景图片，属性值设为URL（背景图片路径）。
- Background-repeat：用来确定背景图片如何重复。

图 5-34

- Background-attachment：设定背景图片是否跟随网页内容滚动，还是固定不动。属性值可设置为scroll（滚动）或fixed（固定）。
- Background-position：设置背景图片的初始位置。

5.3.3 区块

"区块"选项卡中选项功能主要是定义样式的间距和对齐设置，如图5-35所示。

该选项卡中的相关属性介绍如下。

- Word-spacing：用于设置单词的间距。
- Letter-spacing：用于设置文本及字母的间距。
- Vertical-align：用于设置页面元素的垂直对齐方式。
- Text-align：用于设置页面元素的水平对齐方式。

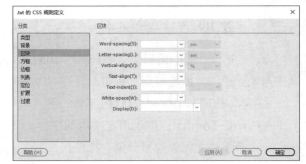

图 5-35

- Text-indent：指定第一行文本缩进的程度。
- White-space：确定如何处理元素中的空白。
- Display：指定是否显示以及如何显示元素。

5.2.4 方框

网页中的所有元素包括文本、图像等都被看作为包含在方框内，如图5-36所示。

该选项卡中的相关属性介绍如下。

- **Width**：用于设置网页元素对象宽度。
- **Height**：用于设置网页元素对象高度。
- **Float**：用于设置网页元素浮动。
- **Clear**：用于清除浮动。
- **Padding**：指定显示内容与边框间的距离。

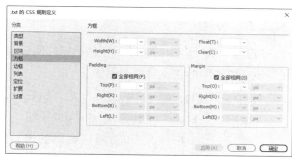

图 5-36

- **Margin**：指定网页元素边框与另外一个网页元素边框之间的间距。

Padding属性与Margin属性可与top、right、bottom、left组合使用，用来设置距上、右、下、左的间距。

5.2.5 边框

"边框"选项卡中的选项可用来设置网页元素的边框外观，如图5-37所示。

该选项卡中的相关属性介绍如下。

- **Style**：用于设置边框的样式，包括点线、双线等。
- **Width**：用于设置边框宽度。
- **Color**：由于设置边框颜色。

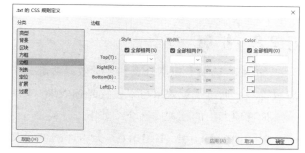

图 5-37

5.2.6 列表

"列表"选项卡中的选项可用于设置列表的类型等，如图5-38所示。

该选项卡中的相关属性介绍如下。

- **List-style-type**：用于设置列表样式，属性值可设为Disc（默认值-实心圆）、Circle（空心圆）、Square（实心方块）、Decimal（阿拉伯数字）、lower-roman（小写罗马数字）、upper-roman（大写罗马数字）、low-alpha（小写英文本母）、upper-alpha（大写英文本母）、none（无）。

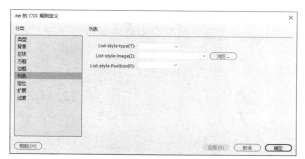

图 5-38

- **List-style-image**：用于设置列表标记图像，属性值为URL（标记图像路径）。
- **List-style-position**：用于设置列表位置。

5.2.7 定位

"定位"选项卡中的选项用于精确定位网页中的元素，如图5-39所示。

该选项卡中的相关属性介绍如下。

- **Position**：用于设定定位方式，属性值可设为Static（默认）、Absolute（绝对定位）、Fixed（相对固定窗口的定位）、Relative（相对定位）。
- **Visibility**：指定元素是否可见。
- **Z-index**：指定元素的层叠顺序，属性值一般是数字，数字大的显示在上面。
- **Overflow**：指定超出指定高度及宽度的部分如何显示。
- **Placement**：指定AP Div的位置和大小。
- **Clip**：定义AP Div的可见部分。

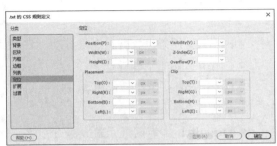

图 5-39

5.2.8 扩展

"扩展"选项卡包括分页和视觉效果两部分，如图5-40所示。分页是指通过样式为网页添加分页符号。通过视觉效果可以设置光标效果，以及滤镜为页面添加的视觉效果。

该选项卡中的相关属性介绍如下。

- **Page-break-before**：为打印的页面设置分页符。
- **Page-break-after**：检索或设置对象后出现的页分隔符。
- **Cursor**：定义光标形式。
- **Filter**：定义滤镜集合。

5.2.9 过渡

使用"过渡"选项卡中的选项可设置元素在状态改变时发生的动画效果，如图5-41所示。

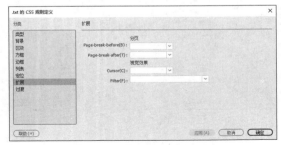

图 5-40

图 5-41

动手练 调整绿植网页样式

📄 **案例素材：本书实例/第5章/动手练/调整绿植网页样式**

本练习将以微景绿植网页样式的设置为例，对"CSS规则定义"对话框的应用进行介绍。具体操作步骤如下。

步骤 01 打开本章素材文件，按F12键预览效果，如图5-42所示。将文件另存为"index.html"文件。

步骤 02 执行"窗口"|"CSS设计器"命令，打开"CSS设计器"面板，单击"源"选项组中的"添加CSS源"按钮➕，在弹出的快捷菜单中执行"创建新的CSS文件"命令，打开"创建新的CSS文件"对话框，设置参数，如图5-43所示。完成后单击"确定"按钮新建CSS文件。

步骤 03 单击"选择器"选项组中的"添加选择器"按钮新建类选择器".text1"，如图5-44所示。

图 5-42

图 5-43

图 5-44

步骤 04 移动光标至文本"关于微景"处，在"属性"面板中设置"目标规则"为新建的".text1"，如图5-45所示。

图 5-45

步骤 05 单击"编辑规则"按钮，打开".text1的CSS规则定义"对话框，选择"类型"选项卡设置参数，如图5-46所示。

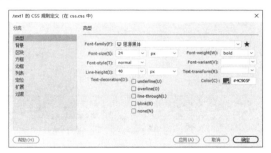

图 5-46

步骤06 单击"确定"按钮应用设置，效果如图5-47所示。

步骤07 移动光标至文本"绿植盆景"处，在"属性"面板中设置"目标规则"为".text1"，效果如图5-48所示。

图 5-47 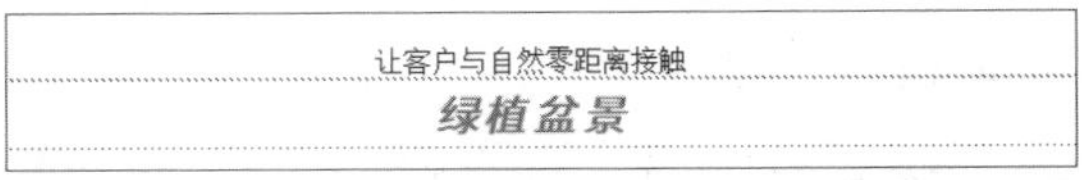　　　　　　　　　　　　　　　图 5-48

步骤08 使用相同的方法新建类选择器".text2"，移动光标至文本"扎于……接触"处，在"属性"面板中设置"目标规则"为新建的".text2"，单击"编辑规则"按钮，打开".text2的CSS规则定义"对话框，选择"类型"选项卡设置参数，如图5-49所示。

步骤09 单击"确定"按钮应用设置，效果如图5-50所示。

步骤10 移动光标至文本"友情链接"处，在"属性"面板中设置"目标规则"为".text2"，效果如图5-51所示。

图 5-49 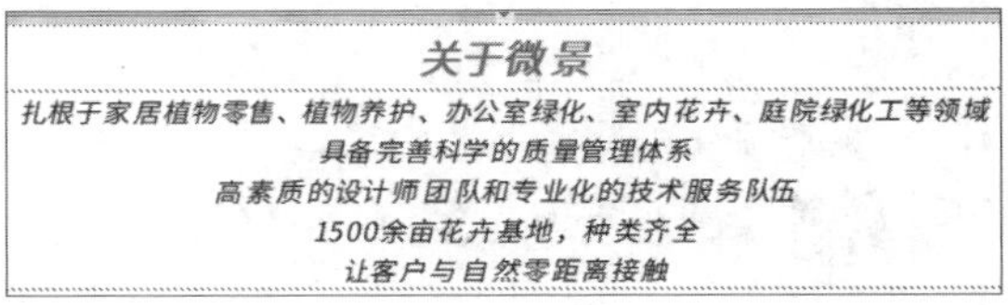　　　　　　　　　　　　　　　图 5-50

图 5-51

步骤11 新建类选择器".text3"，移动光标至最底层文本处，在"属性"面板中设置"目标规则"为新建的".text3"，单击"编辑规则"按钮，打开".text3的CSS规则定义"对话框，选择"类型"选项卡设置参数，如图5-52所示。

步骤12 选择"背景"选项卡设置参数，如图5-53所示。

图 5-52　　　　　　　　　　　　　　　图 5-53

步骤13 单击"确定"按钮应用设置，效果如图5-54所示。

图 5-54

步骤 **14** 保存文件，按F12键在浏览器中预览效果，如图5-55所示。

至此完成绿植网页样式的调整操作。

图 5-55

综合实战：美化自行车网页

📖 **案例素材：** 本书实例/第5章/案例实战/美化自行车网页

本案例将以自行车店铺网页的制作为例，介绍CSS样式的应用。具体操作步骤如下。

步骤 **01** 新建站点，将本章素材文件移动至本地站点文件夹中，并双击打开，如图5-56所示。将文件另存为"index.html"文件。

步骤 **02** 选中文本"首页"所在的表格，在"属性"面板中设置其名称为"nav"，如图5-57所示。

图 5-56

图 5-57

步骤 **03** 执行"窗口"|"CSS设计器"命令，打开"CSS设计器"面板，单击"源"选项组中的"添加CSS源"按钮➕，在弹出的快捷菜单中执行"创建新的CSS文件"命令，打开"创建

新的CSS文件"对话框，设置参数，如图5-58所示。完成后单击"确定"按钮新建CSS文件。

步骤 04 单击"选择器"选项组中的"添加选择器"按钮➕新建选择器，输入名称"#nav a:link,#nav a:visited"，如图5-59所示。

步骤 05 选中添加的选择器，在"属性"选项组中设置文本属性，如图5-60所示。

图 5-58 　　　　　　　　图 5-59 　　　　　　　　图 5-60

步骤 06 继续设置背景、布局及边框属性，如图5-61～图5-63所示。

图 5-61 　　　　　　　　图 5-62 　　　　　　　　图 5-63

步骤 07 新建"#nav a:hover"选择器，在"属性"选项组中设置文本、背景、布局及边框属性，如图5-64～图5-69所示。

图 5-64 　　　　　　　　图 5-65 　　　　　　　　图 5-66

图 5-67

图 5-68

图 5-69

步骤08 保存文档，按F12键测试效果，如图5-70所示。

步骤09 新建选择器".txt"，在"属性"选项组中设置文本参数，如图5-71所示。

步骤10 使用相同的方法新建选择器".txt2"，在"属性"选项组中设置文本参数，如图5-72所示。

图 5-70

图 5-71

图 5-72

步骤11 选中文本"热销产品"，在"属性"面板中设置目标规则为".txt"，效果如图5-73所示。

步骤12 选中"热销产品"下方的英文文本，在"属性"面板中设置目标规则为".txt2"，效果如图5-74所示。

图 5-73

图 5-74

步骤13 选中文本"铝合金车架"所在的表格，在"属性"面板中设置其间距为5，在"CSS设计器"面板中新建选择器".ad"，在"属性"选项组中设置文本、布局及边框参数，如图5-75～图5-77所示。

图 5-75　　　　　　　图 5-76　　　　　　　图 5-77

步骤14 设置文本"铝合金车架""硬尾结构""直把车把""21速变速套件"的目标规则为".ad"，效果如图5-78所示。

图 5-78

步骤15 新建选择器".xs"，在"属性"选项组中设置文本参数，如图5-79所示。

步骤16 新建选择器".jg"，在"属性"选项组中设置文本参数，如图5-80所示。

步骤17 选中文本"限时抢购价："，在"属性"面板中设置其目标规则为".xs"；选中文本"1399元"，在"属性"面板中设置其目标规则为".jg"，效果如图5-81所示。

图 5-79　　　　　　　图 5-80　　　　　　　图 5-81

步骤18 选中文本"立即订购"所在的表格，在"属性"面板中设置其名称为"sale"，新建选择器"#sale"，在"属性"选项组中设置文本、背景、边框及布局参数，如图5-82～图5-85所示。

图 5-82

图 5-83

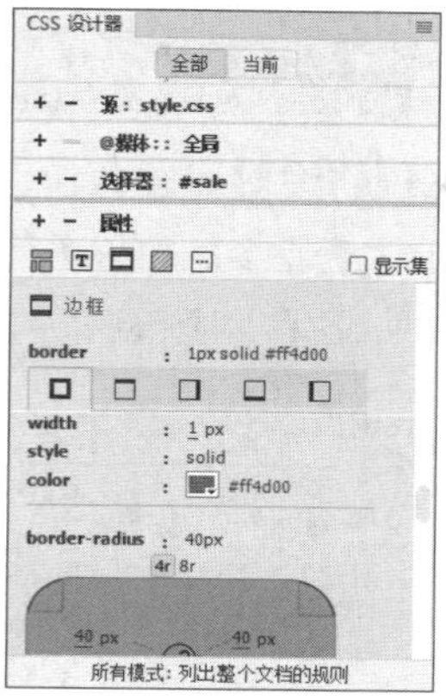

图 5-84

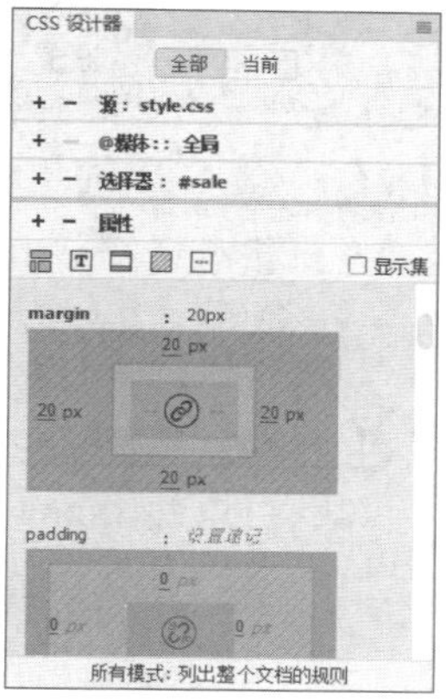

图 5-85

步骤19 设置完成后的效果如图5-86所示。

步骤20 新建选择器".txt3"，在"属性"选项组中设置文本及背景参数，如图5-87和图5-88所示。

图 5-86

图 5-87

图 5-88

步骤21 选中最下面一行文本，在"属性"面板中设置其目标规则为".txt3"，效果如图5-89所示。

图 5-89

步骤22 保存文件，按F12键预览效果，如图5-90和图5-91所示。

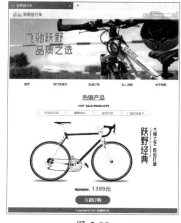

图 5-90

图 5-91

至此完成自行车网页的美化操作。

Q/A 新手答疑

1. Q: CSS 中的相对定位和绝对定位有何区别？

A: 相对定位是相对于元素原本的位置进行调整。绝对定位是相对于最近的已定位的祖先元素（非static），如果没有，则相对于初始包含块（通常是<html>元素）。

2. Q: 如何使用 CSS 创建一个悬停效果？

A: 可以使用:hover伪类选择器为元素添加悬停效果，如：

```
a:hover { color: red; }
```

表示当光标悬停在链接上时，其文本颜色变为红色。

3. Q: 什么是伪类选择器？

A: CSS中有一种特殊的选择器——伪类选择器，它可以定义元素的特殊状态，如光标悬停时的状态、被点击的链接等。伪类选择器基本语法为：

```
Selector:鼠标行为
```

其以冒号（:）开头，后跟伪类名称，冒号前则为其他选择器，如"a: hover"选择器定义当用户光标悬停在<a>元素上时应用的特定样式。

4. Q: 常用的伪类选择器有哪些？

A: 常用的伪类选择器包括以下类型。

- hover：用于当用户光标悬停在元素上时，应用特定的样式。
- active：当元素被激活（例如，通过鼠标点击一个链接）时，应用特定的样式。
- focus：当元素获得焦点（例如，当用户单击或按Tab键导航到一个输入框）时，应用特定的样式。
- first-child：用于选择父元素的第一个子元素。
- last-child：用于选择父元素的最后一个子元素。
- nth-child（n）：用于选择父元素的第n个子元素。
- not（selector）：用于选择不符合指定选择器模式的元素。

5. Q: 如何实现全屏背景图片？

A: 可以将background-size属性设置为cover，并将background-position设置为center，以确保背景图片覆盖整个屏幕且居中。

6. Q: 如何用 CSS 制作文本阴影效果？

A: 使用text-shadow属性，可以为文本添加阴影效果，如：

```
text-shadow: 2px 2px 4px #000000;。
```

7. Q: 如何在 CSS 中注释代码？

A: 使用/ *注释内容 */进行注释。如：

```
a:hover { text-decoration:underline; /* 鼠标悬停时显示下划线 */ },
```

Dreamweaver

HTML Flash

Photoshop

第6章
应用
交互特效

本章将对网页中的交互特效进行介绍。通过本章内容的学习，用户可以了解什么是行为及常见事件；掌握窗口交互行为、图像交互行为、文本交互行为、表单交互行为等不同类型行为的添加与设置。

✎ **要点难点**
- 行为的概念及组成部分
- 常见窗口交互行为的添加与设置
- 图像交互行为的添加与设置
- 文本交互行为的添加与设置
- 表单交互行为的添加与设置

6.1 什么是行为

行为是某个事件和由该事件触发的动作的组合，其实质是Dreamweaver预设的一组JavaScript代码。本节将对行为进行介绍。

6.1.1 行为

表格不仅可以在页面中显示规范化数据，还可以布局网页内容，使网页整齐美观。下面对网页设计中表格的添加进行介绍。

行为由事件（Event）和动作（Action）两部分组成，事件是由浏览器定义的消息，可以理解为行为中动作的触发条件；动作是行为的具体实现过程。Dreamweaver中内置了一组行为，执行"窗口"|"行为"命令，打开"行为"面板，如图6-1所示。

在"行为"面板中，可以先指定一个动作，然后再指定触发该动作的事件，以此将行为添加到页面中。该面板中的部分选项作用如下。

图 6-1

● **添加行为+**：单击该按钮，打开快捷菜单，其中包含可以附加到当前所选元素的动作。当从该菜单中选择一个动作时，将弹出一个对话框，可以在该对话框中指定该动作的各项参数。

● **删除事件 −**：单击该按钮，将从行为列表中删除所选的事件。

在将行为附加到某个页面元素之后，每当该元素的某个事件发生时，行为即会调用与这一事件关联的动作（JavaScript代码）。Dreamweaver中的动作提供了最大程度的跨浏览器兼容性。

每个浏览器都提供一组事件，这些事件可以与"行为"面板的动作菜单中列出的动作相关联。当浏览者与网页进行交互时，浏览器生成事件，这些事件可以调用引起动作发生的JavaScript函数。Dreamweaver提供许多可以使用这些事件触发的常用动作，如表6-1所示。

表6-1

动 作	说 明
调用JavaScript	调用JavaScript函数
改变属性	选择对象的属性
拖动AP元素	允许在浏览器中自由拖动AP Div
转到URL	可以转到特定的站点或网页文档上
跳转菜单	可以创建若干个链接的跳转菜单
跳转菜单开始	跳转菜单中选定要移动的站点之后，只有单击GO按钮才可以移动到链接的站点上
打开浏览器窗口	在新窗口中打开URL
弹出信息	设置的事件发生之后，弹出警告信息

（续表）

动 作	说 明
预先载入图像	为了在浏览器中快速显示图片，事先下载图片之后显示出来
设置框架文本	在选定的帧上显示指定的内容
设置状态栏文本	在状态栏中显示指定的内容
设置文本域文字	在文本字段区域显示指定的内容
显示-隐藏元素	显示或隐藏特定的AP Div
交换图像	发生设置的事件后，用其他图片来替代选定的图片
恢复交换图像	在运用交换图像动作之后，显示原来的图片
检查表单	在检查表单文档有效性时使用

6.1.2 常见事件

事件是指在程序执行过程中发生的某个特定的动作或情况，如单击、双击、光标经过、光标移开、页面加载等。对于同一个对象，不同版本浏览器支持的事件种类和多少也是不一样的。事件用于指定选定的行为动作在何种情况下发生。Dreamweaver提供的事件种类如表6-2所示。

表6-2

事 件	说 明
onLoad	选定的客体显示在浏览器上时发生的事件
onUnLoad	浏览者退出网页文档时发生的事件
onClick	单击选定的要素时发生的事件
onDblClick	双击时发生的事件
onBlur	光标移动到窗口或框架外侧等非激活状态时发生的事件
onFocus	光标移动到窗口或框架中处于激活状态时发生的事件
onMouseDown	单击时发生的事件
onMouseMove	光标经过选定的要素上面时发生的事件
onMouseOut	光标离开选定的要素上面时发生的事件
onMouseOver	光标在选定的要素上面时发生的事件
onMouseUp	放开按住的鼠标左键时发生的事件
onKeyDown	键盘上某个按键被按下时触发此事件
onKeyPress	键盘上的某个按键被按下并且释放时触发此事件
onKeyUp	放开按下的键盘中的指定键时发生的事件
onError	加载网页文档的过程中发生错误时发生的事件

在Dreamweaver中，可以为整个页面、表格、链接、图像、表单或其他任何HTML元素增加行为，最后由浏览器决定是否执行这些行为。以添加"弹出信息"为例进行介绍。

选择一个对象元素，如页面元素标签<body>。单击"行为"面板中的"添加行为"按钮，在弹出的快捷菜单中选择"预先载入图像"行为，打开"预先载入图像"对话框，如图6-2所示。在该对话框中设置参数，完成后单击"确定"按钮，"行为"面板中将显示添加的事件及对应的动作，如图6-3所示。

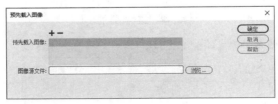

图 6-2　　　　　　　　　　　　　　　　　　　　图 6-3

> **❗注意事项** 不同事件的适用对象也有所不同。

6.2 窗口交互行为

窗口交互行为是一种常见的网页交互行为，包括调用JavaScript、转到URL、打开浏览器窗口等。本节将对这些行为进行介绍。

6.2.1 调用JavaScript

"调用JavaScript"行为在事件发生时将执行自定义的函数或JavaScript代码行，用户既可以自行编写JavaScript使用，也可以使用开源代码。调用JavaScript动作允许使用"行为"面板指定一个自定义功能，或当发生某个事件时应该执行的一段JavaScript代码。

选中文档窗口底部的<body>标签，执行"窗口"|"行为"命令，打开"行为"面板，在"行为"面板中单击"添加行为"按钮➕，在弹出的快捷菜单中执行"调用JavaScript"命令，打开"调用JavaScript"对话框，如

图 6-4

图6-4所示。在文本框中输入JavaScript代码，单击"确定"按钮，将行为添加到"行为"面板中。

6.2.2 转到URL

"转到URL"行为可在当前窗口或指定的框架中打开一个新页，适用于通过一次单击更改两个或多个框架的内容。选中对象，打开"行为"面板，单击"添加行为"按钮➕，在弹出的快捷菜单中执行"转到URL"命令，打开"转到URL"对话框，如图6-5所示。在该对话框中设置完成后，单击"确定"按钮，在"行为"面板中设置一个合适的事件。

"转到URL"对话框中部分选项作用如下。

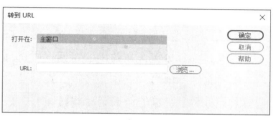

图 6-5

- **打开在**：选择打开链接的窗口。如果是框架网页，选择打开链接的框架。
- **URL**：输入链接的地址，也可以单击"浏览"按钮，在本地硬盘中查找链接的文件。

6.2.3 打开浏览器窗口

"打开浏览器窗口"行为可以在一个新的窗口中打开网页。选中对象，打开"行为"面板，单击"添加行为"按钮+，在弹出的快捷菜单中执行"打开浏览器窗口"命令，打开"打开浏览器窗口"对话框，如图6-6所示。在该对话框中可以针对新窗口的属性、特性等进行设置，完成后单击"确定"按钮应用效果。

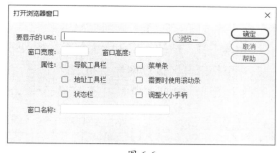

图 6-6

该对话框中各选项作用如下。

- **要显示的URL**：用于设置要显示的网页的地址，属于必选项。单击"浏览"按钮可在本地站点中选择。
- **窗口宽度**：用于设置窗口的宽度。
- **窗口高度**：用于设置窗口的高度。
- **导航工具栏**：用于设置是否在浏览器顶部包含导航条。
- **菜单条**：用于设置是否包含菜单条。
- **地址工具栏**：用于设置是否在打开浏览器窗口中显示地址栏。
- **需要时使用滚动条**：用于设置如果窗口中内容超出窗口大小，是否显示滚动条。
- **状态栏**：用于设置是否在浏览器窗口底部显示状态栏。
- **调整大小手柄**：用于设置浏览者是否可以调整窗口大小。
- **窗口名称**：用于命名当前窗口。

6.3 图像交互行为

图像是网页中最具吸引力的内容，Dreamweaver中内置了一些生动有趣的图像交互行为，如交换图像、预先载入图像、显示-隐藏元素等。

6.3.1 交换图像与恢复交换图像

"交换图像"行为可以创建光标经过图像时图像产生变化的效果。要注意的是，组成交换的两张图像尺寸必须一致，否则软件将自动调整第2张图像的大小与第1张一致。

选中图像，打开"行为"面板，单击"添加行为"按钮+，在弹出的快捷菜单中执行"交换图像"命令，打开"交换图像"对话框，如图6-7所示。单击"设定原始文档为"文本框右边的"浏览"按钮，在弹出的对话框中选择要交换的文件，单击"确定"按钮，返回"交换图像"对话框，单击"确定"按钮即可。

图 6-7

"交换图像"对话框中的选项作用如下。

- **图像**：在列表中选择要更改其源的图像。
- **设定原始档为**：单击"浏览"按钮选择新图像文件，文本框中显示新图像的路径和文件名。
- **预先载入图像**：用于设置是否在载入网页时将新图像载入浏览器缓存。
- **鼠标滑开时恢复图像**：用于设置是否在鼠标滑动时恢复图像。一般为默认选择状态，这样当光标离开对象时就会自动恢复原始图像。

6.3.2　预先载入图像

"预先载入图像"行为可以在载入网页时将新图像载入浏览器的缓冲中，从而避免当图像该出现时由于下载而导致的延迟。

选中要附加行为的对象，单击"添加行为"按钮➕，在弹出的快捷菜单中执行"预先载入图像"命令，打开"预先载入图像"对话框，如图6-8所示。单击"图像源文件"文本框右侧的"浏览"按钮，在弹出的"选择图像源文件"对话框中选择文件后单击"确定"按钮，"预先载入图像"对话框"图像源文件"文本框中将出现选中图像的路径，如图6-9所示。完成后单击"确定"按钮即可。

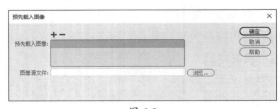

图 6-8　　　　　　　　　　　　　　　图 6-9

"预先载入图像"对话框中各选项作用如下。

- **预先载入图像**：在列表中列出所有需要预先载入的图像。
- **图像源文件**：单击"浏览"按钮，选择要预先载入的图像文件，或者在文本框中输入图像的路径和文件名。

6.3.3　显示-隐藏元素

"显示-隐藏元素"行为可以通过用户响应事件，触发改变一个或多个网页元素的可见性。选中要附加行为的网页元素，单击"添加行为"按钮➕，在弹出的快捷菜单中执行"显示-隐藏元素"命令，打开"显示-隐藏元素"对话框，如图6-10所示。在该对话框中选择元素后单击

"显示""隐藏"或"默认"按钮设置显示-隐藏效果，完成后单击"确定"按钮即可。

"显示-隐藏元素"对话框中各选项作用如下。

- **元素**：在列表中列出可用于显示或隐藏的网页元素。设置完成后列表中将显示事件触发后网页元素的显示或隐藏状态。

图 6-10

- **显示**：设置某一个元素为显示状态。
- **隐藏**：设置某一个元素为隐藏状态。
- **默认**：设置某一个元素为默认状态。

动手练 网页交换图像

📖 **案例素材**：本书实例/第6章/动手练/网页交换图像

本练习将以国际象棋赛程安排网页的优化为例，对"交换图像"行为的添加与设置进行介绍。具体操作步骤如下。

步骤 01 新建站点，将素材文件移动至本地站点文件夹。双击"文件"面板中的素材文件将其打开，如图6-11所示。将文件另存为"index.html"文件。

步骤 02 移动光标至"国际象棋赛程安排"上方的单元格中，按Ctrl+Alt+I组合键插入素材图像，效果如图6-12所示。

图 6-11

图 6-12

步骤 03 选中插入的素材图像，单击"行为"面板中的"添加行为"按钮➕，在弹出的快捷菜单中执行"交换图像"命令，打开"交换图像"对话框，单击"浏览"按钮，打开"选择图像源文件"对话框选择素材图像，如图6-13所示。

步骤 04 完成后单击"确定"按钮，返回"交换图像"对话框，设置参数，如图6-14所示。

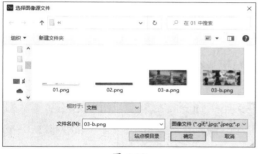

图 6-13

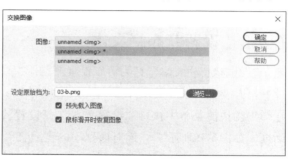

图 6-14

步骤 05 完成后单击"确定"按钮，保存文件，按F12键预览效果，如图6-15和图6-16所示。

图 6-15　　　　　　　　　　　　　　　　　　图 6-16

至此，完成象棋赛程安排网页交换图像的制作。

6.4　文本交互行为

文本在网页中的主要作用是传递信息、丰富网页内容，通过文本交互行为，可以加强这一作用。下面对常用的文本交互行为进行介绍。

6.4.1　弹出信息

"弹出信息"行为可以在触发时弹出一个包含指定信息的文本框，如图6-17所示。

选中对象，执行"窗口"|"行为"命令，打开"行为"面板，单击"添加行为"按钮**+**，在弹出的快捷菜单中执行"弹出信息"命令，打开"弹出信息"对话框，在该对话框中的"消息"文本框中输入内容，如图6-18所示。完成后单击"确定"按钮添加该行为。

图 6-17　　　　　　　　　　　　　　　　　　图 6-18

6.4.2　设置状态栏文本

"设置状态栏文本"行为可以设置浏览器窗口状态栏中显示的内容。

打开要加入状态栏文本的网页，选择对象，单击"行为"面板中的"添加行为"按钮**+**，在弹出的快捷菜单中执行"设置文本"|"设置状态栏文本"命令，打开"设置状态栏文本"对话框，如图6-19所示。在该对话框中的"消息"文本框中输入要在状态栏中显示的文本，完成后单击"确定"按钮添加行为。

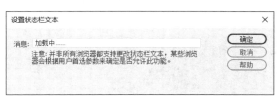

图 6-19

6.4.3 设置容器的文本

"设置容器的文本"行为可以在触发时将指定容器中的文本替换为其他内容。

选中容器中的对象,单击"行为"面板中的"添加行为"按钮➕,在弹出的快捷菜单中执行"设置文本"|"设置容器的文本"命令,打开"设置容器的文本"对话框,如图6-20所示。在该对话框中设置参数,完成后单击"确定"按钮即可。

图 6-20

6.4.4 设置文本域文字

"设置文本域文字"行为可以在触发时使用指定的内容替换表单文本域的内容。

选中页面中的文本域对象,单击"行为"面板中的"添加行为"按钮➕,在弹出的快捷菜单中执行"设置文本"|"设置文本域文字"命令,打开"设置文本域文字"对话框,如图6-21所示。该对话框中选项作用如下。

- **文本域:** 选择要设置的文本域。
- **新建文本:** 用于设置替换的文本。

在该对话框中设置参数,完成后单击"确定"按钮即可。

图 6-21

动手练 为网页添加文本交互行为

📑 **案例素材:** 本书实例/第6章/动手练/为网页添加文本交互行为

本练习将以吉他网页弹出信息的添加为例,对"弹出信息"行为的添加与设置进行介绍。具体操作步骤如下。

步骤01 打开本章素材文件,如图6-22所示。将其另存为"index.html"文件。

步骤02 选中导航图像,单击"行为"面板中的"添加行为"按钮➕,在弹出的快捷菜单中执行"弹出信息"命令,打开"弹出信息"对话框,设置参数,如图6-23所示。

步骤03 完成后单击"确定"按钮,将行为添加至"行为"面板,如图6-24所示。

步骤04 保存文件后,按F12键预览效果,单击导航图像时将弹出设置的弹出信息,如图6-25所示。

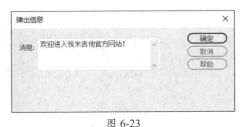

图 6-22   图 6-23

图 6-24   图 6-25

至此完成吉他网页文本交互行为的添加。

6.5 表单交互行为

表单交互行为可以丰富网页中的表单效果，常用的包括跳转菜单、检查表单等，下面对此进行介绍。

6.5.1 跳转菜单

"跳转菜单"是链接的一种形式，通过"跳转菜单"行为可以编辑和重新排列菜单项、更改要跳转到的网页以及更改打开这些网页的窗口等。执行"插入"|"表单"|"选择"命令，插入选择文本框，选中该文本框，单击"行为"面板中的"添加行为"按钮**+**，在弹出的快捷菜单中执行"跳转菜单"命令，打开"跳转菜单"对话框，如图6-26所示。

该对话框中的部分常用选项作用如下。

● **菜单项：**显示所有菜单项。

● **文本：**设置当前菜单项的显示文字，它会出现在菜单项列表中。

● **选择时，转到URL：**为当前菜单项设置当浏览者单击它时要打开的网页地址。

图 6-26

6.5.2 检查表单

"检查表单"行为可检查指定文本域的内容，以确保用户输入的数据类型正确。通过onBlur事件将此行为附加到单独的文本字段，以便用户填写表单时验证这些字段，或通过onSubmit事件将此行为附加到表单，以便用户单击"提交"按钮时同时计算多个文本字段。将此行为附加到表单可以防止在提交表单时出现无效数据。

单击"行为"面板中的"添加行为"按钮 **+**，在弹出的快捷菜单中执行"检查表单"命令，打开"检查表单"对话框，如图6-27所示。

图 6-27

该对话框中的部分常用选项作用如下。

- **域：** 在文本框中选择要检查的一个文本域。
- **值：** 如果该文本必须包含某种数据，则勾选"必需的"复选框。
- **可接受：** 用于为各表单字段指定验证规则。

综合实战：提升购物网页交互性

📌 **案例素材：** 本书实例/第6章/案例实战/提升购物网页交互性

本案例将以网页中行为的添加为例，对行为的应用进行介绍。具体操作步骤如下。

步骤01 新建站点，将素材文件移动至本地站点文件夹，双击打开"文件"面板中的素材文件，如图6-28所示。将文件另存为"index.html"文件。

步骤02 选中导航栏图像，单击"行为"面板中的"添加行为"按钮**+**，在弹出的快捷菜单中执行"弹出信息"命令，打开"弹出信息"对话框，设置参数，如图6-29所示。

步骤03 完成后单击"确定"按钮，将行为添加至"行为"面板，如图6-30所示。

图 6-28

图 6-29

图 6-30

步骤 04 选中文本"HOT SALE RECENTLY"上方左起第一个图像，单击"行为"面板中的"添加行为"按钮➕，在弹出的快捷菜单中执行"交换图像"命令，打开"交换图像"对话框，单击"浏览"按钮，打开"选择图像源文件"对话框选择素材图像，如图6-31所示。

图 6-31

步骤 05 完成后单击"确定"按钮，返回"交换图像"对话框，设置参数，如图6-32所示。

步骤 06 完成后单击"确定"按钮，保存文件后按F12键预览效果，如图6-33所示。

图 6-32

图 6-33

步骤 07 使用相同的方法，为其他两张图像添加相同的行为，如图6-34和图6-35所示。

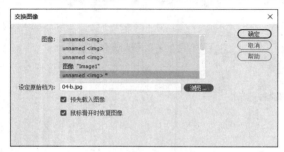

图 6-34

图 6-35

步骤 08 选中文本"更多精选好物，尽在生活购物网"下方左起第一个图像，单击"行为"面板中的"添加行为"按钮➕，在弹出的快捷菜单中执行"打开浏览器窗口"命令，打开"打开浏览器窗口"对话框，设置要显示的URL及其他参数，如图6-36所示。

步骤 09 完成后单击"确定"按钮，保存文件后按F12键预览效果，如图6-37所示。

图 6-36

图 6-37

步骤 10 使用相同的方法，为该区域其他图像添加"打开浏览器窗口"行为，保存文件，按F12键预览效果，如图6-38和图6-39所示。

图 6-38

图 6-39

至此完成购物网网页交互性的提升。

Q/A 新手答疑

1. Q: 如何在元素上同时添加多个行为？

  A: 选中元素后，在"行为"面板中直接添加多个行为即可。但是要确保这些行为之间没有冲突，并且按照预期触发。

2. Q: 如果添加的行为不起作用，应该怎么办？

  A: 首先检查行为设置是否正确，包括事件触发条件、行为参数等；其次检查是否有JavaScript错误或冲突；最后确保浏览器启用了JavaScript。

3. Q: 如何使用"显示－隐藏元素"行为？

  A: 该行为允许在单击一个按钮或链接时显示或隐藏页面上的元素，可用于创建下拉菜单、折叠面板等。

4. Q: 在 Dreamweaver 中，行为通常与哪些事件关联？

  A: 行为可以与多种事件关联，如单击（onClick）、光标悬停（onMouseOver）、光标离开（onMouseOut）等。

5. Q: 在实际的网页设计中，使用行为相比编写 JavaScript 代码有什么优势和劣势？

  A: 使用行为的优势在于快速实现和简化开发过程，特别适合非编程专业的设计师。劣势是功能可能受限，且对于复杂的交互效果难以实现精细控制。

6. Q: 行为可以应用于哪些类型的网页元素？

  A: 几乎所有元素，包括图片、按钮、链接和表单字段等。

7. Q: 如何复制一个元素的行为到另一个元素？

  A: Dreamweaver不直接支持行为复制，需要手动为另一个元素添加相同的行为。

8. Q: 如何使用行为在 Dreamweaver 中创建一个简单的弹窗广告？

  A: 使用"打开浏览器窗口"行为，在用户单击链接或按钮时打开一个新的窗口，用于显示广告或其他信息。

9. Q: "检查表单"行为的作用是什么？

  A: 该行为可以在提交表单前检查表单字段是否填写正确，例如，检查是否所有必填字段都已填写，或邮箱地址格式是否正确。

10. Q: 如何更改行为？

  A: 选中添加行为的元素后，在"行为"面板中双击行为名称打开对应的对话框进行更改即可。

Dreamweaver
HTML Flash
Photoshop

第**7**章
创建
动态网页

本章将对动态网页的创建进行介绍。通过本章内容的学习，用户可以了解表单及基本表单对象；掌握表单域的创建、文本类表单、选择类表单及文件等不同类型常用表单的添加与设置。

要点难点

- 表单的概念与作用
- 表单域的添加
- 文本类表单的添加与设置
- 选择类表单的添加与设置
- 其他常用表单

7.1 使用表单

表单是Dreamweaver中一个重要的组件，主要用于收集用户输入的信息，实现服务器和用户之间信息的交流和传递。本节将对表单的基础知识进行介绍。

7.1.1 认识表单

表单有存储文本、密码、单选按钮、复选框、数字以及提交按钮等对象，这些对象也被称为表单对象。制作动态网页时，需要先插入表单域，再在表单域中继续插入其他表单对象。若反转执行顺序，或没有将表单对象插入表单域，则数据不能被提交到服务器。

执行"插入"|"表单"|"表单"命令或单击"插入"面板"表单"选项卡中的"表单"按钮，在网页中创建一个由红色虚线构成的表单域，如图7-1所示。

图 7-1

选中表单域，在"属性"面板中可以设置其ID、Action等参数，如图7-2所示。

图 7-2

"属性"面板中部分选项作用如下。
- ID：用于设置表单名称。
- Action：用于设置处理表单信息的服务程序，可以是URL，也可以是电子邮件地址。
- Method：用于设置表单提交的方法，包括默认、GET和POST 3个选项。
- Target：用于设置处理表单返回的数据页面的显示窗口。
- Accept Charset：用于设置对提交服务器的数据的编码类型。

除了"插入"命令外，用户也可以选择在"代码"视图<body></body>之间添加<form></form>标签插入表单，如下所示：

```
<body>
  <form id="form1" name="form1" method="post">
  </form>
</body>
```

7.1.2 基本表单对象

创建表单域后，可以在该区域中插入各类表单对象。移动光标至表单域中，执行"插入"|"表单"命令，在弹出的子菜单中执行命令，如图7-3所示；或单击"插入"面板"表单"选项卡中的表单按钮，如图7-4所示。

部分基本表单对象的作用如下。

- **表单**：插入一个表单域，其他表单对象需要放在该表单域内。
- **文本**：插入一个文本域，用户可以在文本域中输入文本。
- **文本区域**：插入一个多行文本域，用户可以在其中输入大量文本信息。
- **"提交"按钮**：插入"提交"按钮，用于将输入的信息提交到服务器。
- **"重置"按钮**：插入"重置"按钮，用于重置表单中输入的信息。
- **文件**：用于获取本地文件或文件夹的路径。

图 7-3

图 7-4

- **图像按钮**：可以使用指定的图像作为提交按钮。
- **选择**：插入一个列表或者菜单，将选择项以列表或菜单形式显示，方便用户操作。
- **单选按钮**：插入一个单选按钮选项。
- **单选按钮组**：插入一组单选按钮，同一组内容单选按钮只能有一个被选中。
- **复选框**：插入一个复选框选项。
- **复选框组**：插入一组带有复选框的选项，可以同时选中一项或多项。
- **标签**：提供一种在结构上将域的文本标签和该域关联起来的方法。

7.2 文本类表单

文本类表单包括文本、密码、文本区域等，这些表单可用于输入文本信息。下面对其具体作用和用法进行介绍。

7.2.1 文本

文本可用于接收用户输入的较短的信息，如姓名、电话等。移动光标至要插入表单处，执行"插入"|"表单"|"表单"命令，在该单元格中插入表单域。将光标置于表单域中，单击"插入"面板中"表单"选项中的"文本"按钮，插入单行文本框，如图7-5所示。

图 7-5

保存文档后，按F12键测试效果，如图7-6和图7-7所示。

图 7-6

图 7-7

选择插入的"文本"表单，在"属性"面板中可以对其参数进行设置。图7-8所示为"文本"表单的"属性"面板。

图 7-8

其中，部分常用选项作用如下。

- **Name**：用于设置文本域名称。
- **Class**：用于将CSS规则应用于文本域。
- **Size**：用于设置文本域中显示的字符数的最大值。
- **Max Length**：用于设置文本域中输入的字符数的最大值。
- **Value**：设置文本框的初始值。
- **Disabled**：勾选该复选框，将禁用该文本字段。
- **Required**：勾选该复选框，在提交表单之前必须填写该文本框。
- **Read Only**：勾选该复选框，文本框中的内容将设置为"只读"模式，不能进行修改。
- **Form**：用于设置与表单对象相关的表单标签的ID。

7.2.2　密码

密码可用于输入需要保密的信息，当用户在密码域中输入文本时，输入的文本将被替换为隐藏符号，以便于保护这些信息。

移动光标至要插入密码的位置，单击"插入"面板中"表单"选项中的"密码"按钮，插入密码文本域，如图7-9所示。保存文档，按F12键测试效果，如图7-10所示。

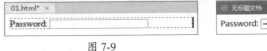

图 7-9　　　　　　　　　　　图 7-10

7.2.3　文本区域

文本区域可用于接收较多的信息。移动光标至要插入文本区域的位置，执行"插入"|"表单"|"文本区域"命令，或单击"插入"面板中"表单"选项中的"文本区域"按钮，插入多行文本框，如图7-11所示。保存文档，按F12键测试效果，如图7-12所示。

图 7-11　　　　　　　　　　　图 7-12

选择插入的"文本区域"表单，在"属性"面板中可以对其参数进行设置。图7-13所示为"文本区域"表单的"属性"面板。

图 7-13

其中，部分常用选项作用如下。

- **Rows**：用于设置文本框可见高度。
- **Cols**：用于设置文本框字符宽度。
- **Wrap**：用于设置文本是否换行。
- **Value**：用于设置文本框的初始值。

动手练 制作科技网站登录页

📖 **案例素材**：本书实例/第7章/动手练/制作科技网站登录页

本练习将以科技登录页的制作为例，介绍表单、文本、密码等表单对象。具体操作如下。

步骤 01 将本章素材文件移动至本地站点文件夹，打开素材文件，如图7-14所示。将文件另存为"index.html"文件。

图 7-14

步骤 02 删除文本"此处显示id dl的内容"，执行"插入"|"表单"|"表单"命令插入表单，如图7-15所示。

步骤 03 执行"插入"|Table命令，打开Table对话框设置参数，如图7-16所示。

图 7-15

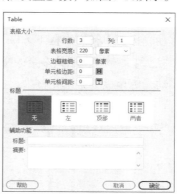

图 7-16

步骤 04 完成后单击"确定"按钮在表单中插入表格，效果如图7-17所示。

步骤 05 选中表格单元格，在"属性"面板中设置单元格水平居中对齐，在第1行单元格中输入文本，设置其目标规则为".txt1"，效果如图7-18所示。

步骤 06 移动光标至第2行单元格中，执行"插入"|Table命令，打开Table对话框设置参数，如图7-19所示。

图 7-17

图 7-18

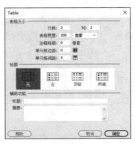
图 7-19

步骤 07 完成后单击"确定"按钮插入表格，效果如图7-20所示。

步骤 08 设置新建表格的第1列单元格宽度为60、高度为32、水平居中对齐，输入文本，并设置目标规则为".txt2"，效果如图7-21所示。

步骤 09 移动光标至新建表格的第1行第2列单元格中，单击"插入"面板中"表单"选项中的"文本"按钮，插入单行文本框，如图7-22所示。

图 7-20

图 7-21

图 7-22

步骤 10 删除文本"Text Field:"，选中单行文本域，在"属性"面板中设置Size为15，效果如图7-23所示。

步骤 11 移动光标至单行文本框下方单元格中，单击"插入"面板中"表单"选项中的"密码"按钮，插入密码文本域，删除多余的文本后设置密码域Size为15，效果如图7-24所示。

步骤 12 移动光标至最下方单元格中，执行"插入"|Table命令，打开Table对话框设置参数，如图7-25所示。

图 7-23

图 7-24

图 7-25

步骤13 完成后单击"确定"按钮插入表格，效果如图7-26所示。

步骤14 设置新插入表格单元格水平居中对齐，执行"插入"|"表单"|"按钮"命令插入按钮，选中按钮，在"属性"面板中设置Value为"登录"，效果如图7-27所示。

图 7-26   图 7-27

步骤15 在另一侧单元格中使用相同方法插入按钮，并设置Value为"注册"，效果如图7-28所示。

步骤16 选中"登录"按钮和"注册"按钮所在的单元格，设置高度为36，效果如图7-29所示。

图 7-28   图 7-29

步骤17 保存文件后，按F12键预览效果，如图7-30和图7-31所示。

图 7-30   图 7-31

至此完成科技网站登录页的制作。

7.3 选择类表单

选择类表单可以为用户提供一个或多个选项，以便用户进行选择，常见的选择类表单包括单选按钮、复选框、选择等。

7.3.1 单选按钮和单选按钮组

"单选按钮"和"单选按钮组"选项都可以创建单选按钮，区别在于"单选按钮组"可以一次性生成多个单选按钮。

1. 单选按钮

移动光标至要添加单选按钮的表单中，执行"插入"｜"表单"｜"单选按钮"命令，插入单选按钮，如图7-32所示。用户可以修改单选按钮选项内容，如图7-33所示。

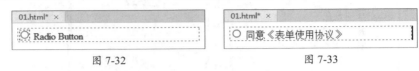

图 7-32   图 7-33

选中单选按钮，在"属性"面板中可以对其参数进行调整。图7-34所示为"单选按钮"的"属性"面板。用户可以勾选Checked复选框以设置该选项在网页中处于被选中状态。

图 7-34

2. 单选按钮组

"单选按钮组"与"单选按钮"作用类似。移动光标至要添加单选按钮组的表单中，执行"插入"｜"表单"｜"单选按钮组"命令，打开"单选按钮组"对话框，如图7-35所示。在该对话框中设置参数后，单击"确定"按钮插入单选按钮组，如图7-36所示。

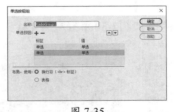

图 7-35   图 7-36

"单选按钮组"对话框中部分选项作用如下。

- **名称：** 用于设置单选按钮组名称。
- **+和－：** 用于添加单选按钮和删除单选按钮。
- **标签：** 用于设置单选按钮选项。
- **值：** 用于设置单选选项代表的值。
- **换行符和表格：** 设置单选按钮的布局方式。

7.3.2 复选框和复选框组

"复选框"和"复选框组"可以让用户在网页一组选项中选择多个选项。

移动光标至要插入表单处，执行"插入"｜"表单"｜"复选框"命令，在网页中添加复选框。若执行"插入"｜"表单"｜"复选框组"命令，可以打开"复选框组"对话框进行设置，如图7-37所示。在该对话框中设置参数后，单击"确定"按钮插入复选框组，如图7-38所示。按F12键测试效果，可选择多个选项，如图7-39所示。

图 7-37   图 7-38   图 7-39

7.3.3 选择

"选择"表单可以制作下拉列表框,增加选项的延展性。执行"插入"|"表单"|"选择"命令,可以在表单中添加下拉菜单。选中"选择"表单,在"属性"面板中可以设置参数,如图7-40所示。

图 7-40

该面板中部分常用选项作用如下。

● **Size**: 用于设置下拉列表框的行数。

● **Selected**: 用于设置默认选项。

● **列表值**: 单击该按钮,可以打开"列表值"对话框设置下拉列表选项,如图7-41所示。在"属性"面板中设置参数后,按F13键可以预览选择,如图7-42所示。

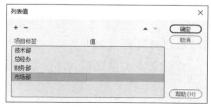

图 7-41   图 7-42

7.4 其他常用表单

除了文本类表单、选择类表单外,Dreamweaver还提供了一些常用的表单,如提交重置按钮、文件等,下面对此进行介绍。

7.4.1 "提交"和"重置"按钮

"提交"按钮可以将表单数据内容提交到服务器。执行"插入"|"表单"|"提交"命令,在表单中添加"提交"按钮,如图7-43所示。"重置"按钮可以重置表单中输入的信息。执行"插入"|"表单"|"重置"命令,在表单中添加"重置"按钮,如图7-44所示。

图 7-43　　　　　　　　　图 7-44

7.4.2　文件

"文件"表单可以实现在网页中上传文件的功能。执行"插入"|"表单"|"文件"命令，可以在表单中添加文件域，按F12键在浏览器中测试效果，单击"浏览"按钮将打开"打开"文件夹上传文件，如图7-45所示。

图 7-45

用户也可以在<form></form>标签之间输入代码添加"文件"表单：

```
<form method="post" enctype="multipart/form-data" name="form1" id="form1">
  <label for="fileField">File:</label>
  <input type="file" name="fileField" id="fileField">
</form>
```

动手练 制作旅社预订页

📖 **案例素材：本书实例/第7章/动手练/制作旅社预订页**

本练习将以旅社客房预定网页的制作为例，介绍文本、单选按钮组、选择等表单的应用。具体操作步骤如下。

步骤 01 打开本章素材文件，如图7-46所示。将文件另存为"index.html"文件。

步骤 02 删除文本"此处显示id yd的内容"，执行"插入"|"表单"|"表单"命令插入表单，如图7-47所示。

图 7-46

图 7-47

步骤 03 执行"插入"| Table命令，打开Table对话框设置参数，如图7-48所示。

步骤 04 完成后单击"确定"按钮在表单中插入表格，效果如图7-49所示。

图 7-48   图 7-49

步骤 05 在第1行单元格中输入文本，在"属性"面板中设置目标规则为".txt"，单元格水平居中对齐，效果如图7-50所示。

步骤 06 设置第2~7行单元格的高度为32，水平左对齐，在第2~7行单元格中输入文本，效果如图7-51所示。

图 7-50   图 7-51

步骤 07 移动光标至文本"旅客姓名："之后，单击"插入"面板中"表单"选项中的"文本"按钮，插入单行文本框，删除文本"Text Field:"，选中单行文本域，在"属性"面板中设置Size为26，效果如图7-52所示。

步骤 08 使用相同的方法，在文本"联系电话："和"证件号码："之后插入单行文本框，并设置参数，效果如图7-53所示。

图 7-52   图 7-53

步骤 09 移动光标至文本"预订房型:"之后,执行"插入"|"表单"|"选择"命令,在表单中添加下拉菜单,如图7-54所示。

步骤 10 删除文本"Select:",选中"选择"表单,在"属性"面板中单击"列表值"按钮,打开"列表值"对话框,设置项目标签和值,单击 **+** 按钮可以增加项目,设置完成后的效果如图7-55所示。

图 7-54 　　　　　　　　　　　　　　　　　　图 7-55

步骤 11 单击"确定"按钮完成设置,效果如图7-56所示。

步骤 12 在"选择"表单之后再次插入一个"选择"表单,并设置列表值,如图7-57所示。

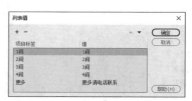

图 7-56 　　　　　　　　　　　　　　　　　　图 7-57

步骤 13 单击"确定"按钮完成设置,效果如图7-58所示。

步骤 14 移动光标至文本"入住人数:"之后,执行"插入"|"表单"|"单选按钮组"命令,打开"单选按钮组"对话框设置参数,如图7-59所示。

图 7-58 　　　　　　　　　　　　　　　　　　图 7-59

步骤 15 单击"确定"按钮插入单选按钮组,调整选项位置,设置文本目标规则为".txt2",

效果如图7-60所示。

步骤16 在文本"3人"之后插入单行文本框，设置Size为6，效果如图7-61所示。

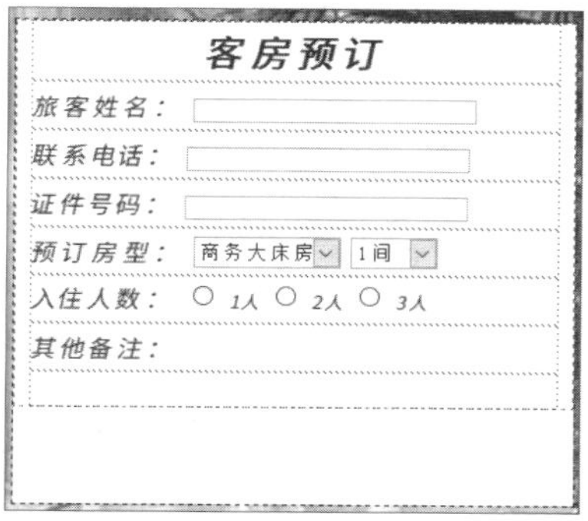

图 7-60 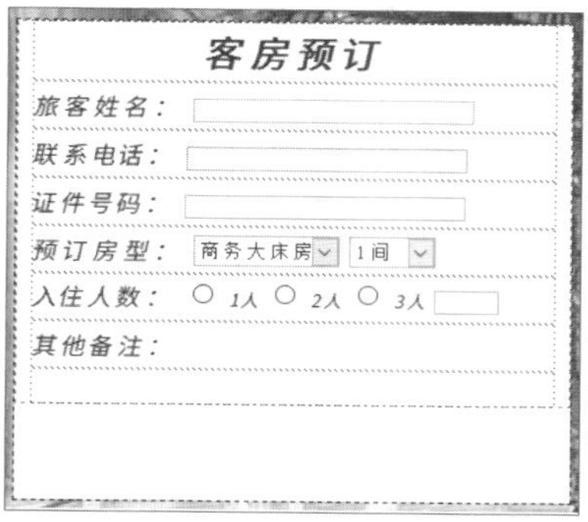　　　　　　　　　　图 7-61

步骤17 移动光标至文本"其他备注："之后，执行"插入"|"表单"|"文本区域"命令，插入多行文本域，删除多余文本，选中多行文本域，在"属性"面板中设置Rows为1、Cols为26，效果如图7-62所示。

步骤18 设置第8行表格单元格水平右对齐，执行"插入"|"表单"|"提交"命令，插入"提交"按钮，在"提交"按钮之后执行"插入"|"表单"|"重置"命令，插入"重置"按钮，效果如图7-63所示。

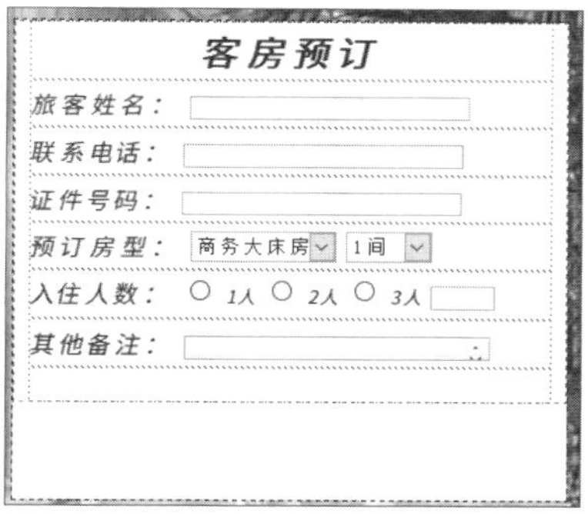

图 7-62　　　　　　　　　　图 7-63

步骤19 保存文件后，按F12键预览效果，如图7-64和图7-65所示。

图 7-64

图 7-65

至此完成旅社客房预订页的制作。

综合实战：设计知识竞赛网页

📄 **案例素材：** 本书实例/第5章/案例实战/设计知识竞赛网页

本案例将以网络安全知识竞赛网页的制作为例，介绍表单对象的应用与设置。具体操作如下。

步骤 01 打开本章素材文件，如图7-66所示。将文件另存为"index.html"文件。

图 7-66

步骤 02 删除文本"此处显示id main的内容"，执行"插入"|"表单"|"表单"命令插入表单，如图7-67所示。

步骤 03 执行"插入"|Table命令，打开Table对话框设置参数，如图7-68所示。

步骤 04 设置完成后单击"确定"按钮插入表格，如图7-69所示。

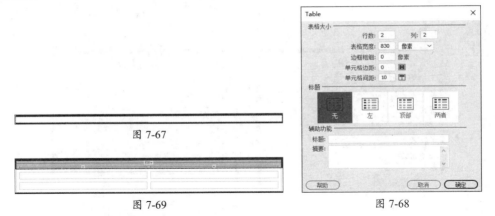

图 7-67

图 7-69

图 7-68

步骤 05 切换至"代码"视图，在<table>标签中输入代码align="center"，设置表格居中，具体代码如下：

```html
<table width="830" border="0" cellspacing="10" cellpadding="0" align="center">
    <tbody>
        <tr>
            <td> </td>
            <td> </td>
        </tr>
        <tr>
            <td> </td>
            <td> </td>
        </tr>
    </tbody>
```

```
</table>
```

步骤 06 切换至"设计"视图，选中第2行表格，按Ctrl+Alt+M组合键合并单元格，在"属性"面板中设置单元格水平右对齐，效果如图7-70所示。

步骤 07 执行"插入"|"表单"|"提交"命令，插入"提交"按钮，在"提交"按钮之后执行"插入"|"表单"|"重置"命令，插入"重置"按钮，效果如图7-71所示。

图 7-70　　　　　　　　　　　　　　　　图 7-71

步骤 08 选中第1行第1列单元格，在"属性"面板中设置"表格宽度"为400px。执行"插入"|Table命令，打开Table对话框设置参数，如图7-72所示。

步骤 09 设置完成后单击"确定"按钮插入表格，如图7-73所示。选中新建表格的所有单元格，在"属性"面板中设置单元格水平左对齐。

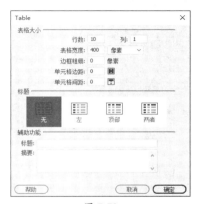

图 7-72　　　　　　　　　　　　　　　　图 7-73

步骤 10 在新建表格的第1行、第3行、第5行、第7行和第9行单元格中输入文本，如图7-74所示。

步骤 11 使用相同的方法，在左侧单元格中插入一个宽度为400px、行数为10的表格，设置单元格水平左对齐，并在第1行、第3行、第5行、第7行和第9行单元格中输入文本，效果如图7-75所示。

图 7-74　　　　　　　　　　　　　　　　图 7-75

步骤 12 移动光标至文本"1.信息安全……环节是："下方的单元格中，执行"插入"|"表单"|"单选按钮组"命令，打开"单选按钮组"对话框设置参数，如图7-76所示。

步骤 13 完成后单击"确定"按钮插入单选按钮组，如图7-77所示。

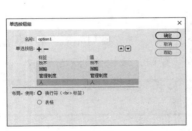

图 7-76

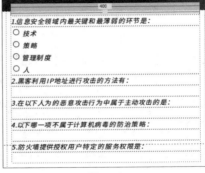

图 7-77

步骤14 选中单选按钮和选项调整位置，如图7-78所示。

步骤15 切换至"代码"视图，在</label>标签之后添加代码 ； ；插入两个空格，效果如图7-79所示。

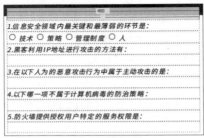

图 7-78

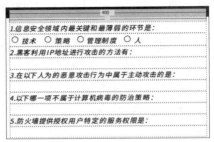

图 7-79

步骤16 选中文本"人"左侧的单选按钮，在"属性"面板中勾选Checked复选框，设置该选项为选中状态，如图7-80所示，效果如图7-81所示。

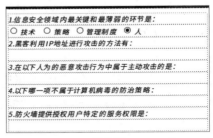

图 7-81

图 7-80

步骤17 使用相同的方法添加其他单选按钮组，效果如图7-82所示。

图 7-82

步骤18 移动光标至文本"9.……包括："下方的单元格，执行"插入"|"表单"|"复选框组"命令，打开"复选框组"对话框设置选项，如图7-83所示。

步骤19 完成后单击"确定"按钮插入复选框组，调整位置并在选项间添加空格，效果如图7-84所示。

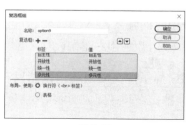

图 7-83

图 7-84

步骤20 移动光标至文本"7.数据完整性指的是："下方的单元格，执行"插入"|"表单"|"文本区域"命令，插入多行文本域，删除多余文本，选中多行文本域，在"属性"面板中设置Rows为3、Cols为52，如图7-85所示。效果如图7-86所示。

图 7-86

图 7-85

步骤21 保存文件后，按F12键预览效果，如图7-87和图7-88所示。

图 7-87

图 7-88

至此完成网络安全知识竞赛网页的设计与制作。

新手答疑

1. Q：Dreamweaver 中创建表单的基本步骤是什么？

    A： 首先在页面中选择插入位置，然后插入"表单"创建表单域，再在表单域中插入其他表单。

2. Q：在 Dreamweaver 中，如何利用表单验证用户的输入？

    A： 可以通过手动添加HTML 5验证属性（如required）或使用JavaScript进行更复杂的验证。

3. Q：在 Dreamweaver 中，如何通过表单向用户显示提交成功或错误消息？

    A： 这通常需要服务器端脚本（如PHP）来处理表单提交并返回成功或错误消息，或者使用JavaScript来前端显示消息。

4. Q：在 Dreamweaver 中，如何确保表单数据的安全性？

    A： 确保使用HTTPS传输表单数据，并在服务器端进行适当的数据验证和清理，以防止SQL注入等攻击。

5. Q：如何在 Dreamweaver 中处理表单数据？

    A： 表单数据通常由服务器端脚本（如PHP、ASP.NET）处理，用户需要在action选项中指定处理表单数据的脚本文件路径。

6. Q：如何在 Dreamweaver 中控制表单字段的大小？

    A： 选中表单对象后，在"属性"面板中调整表单字段的"大小"（对于文本字段）或"宽度/高度"（对于文本区域等）参数进行控制。

7. Q：表单的 method 参数有哪些值，它们有什么区别？

    A： method参数定义表单数据的发送方式，主要有GET和POST两个值。GET通过URL传送数据，适用于数据量小且不敏感的情况；POST通过HTTP消息体传送数据，适用于数据量大或包含敏感信息的情况。

8. Q：如何在 Dreamweaver 中设计响应式表单？

    A： 通过CSS媒体查询和网格布局创建响应式表单，以确保表单在不同屏幕尺寸下都能正确显示。

9. Q：如何在 Dreamweaver 中创建一个搜索表单？

    A： 设置表单域的action参数指向处理搜索请求的服务器脚本，然后创建一个包含文本输入框（用于输入搜索查询）和提交按钮的表单。

Dreamweaver HTML Flash Photoshop

第8章
网页模板与库

本章将对网页模板和库进行介绍。通过本章内容的学习，用户可以掌握创建模板的不同方式、编辑模板、应用模板、更新页面等操作；学会"库"面板的应用、库项目的创建与管理等。

 要点难点

- 创建模板的方式
- 模板的编辑
- 模板的应用与管理
- 库项目的创建与管理

8.1 创建模板

模板在网页设计中非常实用，它支持设计师创建一个结构、风格一致的网站，同时设计师可以自定义每个页面中的内容，使网站中的网页既具有统一性又具备独特性。下面对模板的创建进行介绍。

8.1.1 直接创建模板

新建文档，执行"窗口"|"插入"命令，打开"插入"面板，单击HTML右侧的下拉按钮，在下拉列表中选择"模板"选项，单击"创建模板"按钮打开"另存模板"对话框，如图8-1所示。在该对话框中进行设置，完成后单击"保存"按钮，将空白文档转换为模板文档。

也可以执行"窗口"|"资源"命令打开"资源"面板，单击"资源"面板左侧的"模板"按钮圖选择"模板"选项卡，在空白处右击，在弹出的快捷菜单中执行"新建模板"命令新建模板，如图8-2所示。

图 8-1   图 8-2

8.1.2 从现有网页中创建模板

Dreamweaver支持从现有网页中创建模板。打开素材文件，如图8-3所示。执行"文件"|"另存为模板"命令，打开"另存模板"对话框，如图8-4所示。在该对话框中设置参数后单击"保存"按钮打开提示对话框，单击"是"按钮保存模板文件。

图 8-3   图 8-4

动手练 制作服装网页模板

📖 **案例素材：本书实例/第8章/动手练/制作服装网页模板**

本练习将以服装网页模板的制作为例介绍模板的创建。具体操作步骤如下。

步骤 01 新建站点、文件夹及文件，如图8-5所示。

步骤 02 双击打开文件，执行"插入"| Table命令，打开Table对话框设置参数，如图8-6所示。

图 8-5

图 8-6

步骤 03 完成后单击"确定"按钮创建表格。移动光标至表格第1行单元格中，按Ctrl+Alt+I组合键插入图像，如图8-7所示。

步骤 04 使用相同的方法在表格第2行和第4行中插入图像，效果如图8-8所示。

图 8-7

图 8-8

步骤 05 执行"文件"|"另存为模板"命令，打开"另存模板"对话框设置参数，如图8-9所示。

步骤 06 完成后单击"保存"按钮，在弹出的提示对话框中单击"是"按钮创建模板，如图8-10所示。

图 8-9

图 8-10

步骤 07 此时"文件"面板中自动出现Templates文件夹及模板文件，如图8-11所示。

步骤 08 移动光标至第3行单元格中，在"属性"面板中设置该单元格水平居中对齐，如图8-12所示。

图 8-11   图 8-12

步骤 09 执行"插入"|"模板"|"可编辑区域"命令，打开"新建可编辑区域"对话框，在"名称"文本框中输入可编辑区域的名称，如图8-13所示。

步骤 10 完成后单击"确定"按钮创建可编辑区域，如图8-14所示。

图 8-13   图 8-14

至此完成服装网页模板文件的制作。

8.2 管理和使用模板

模板创建完成后，可以根据设计需要进行管理和使用，如定义可编辑区域、应用模板、将页面从模板中分离等。

8.2.1 编辑模板

创建模板时，用户可以通过定义其中的可编辑区域、可选区域等，确保应用时模板中的部分内容可供编辑。下面对此进行介绍。

1.定义可编辑区域

可编辑区域是指模板文件中能够进行编辑的区域。默认情况下，在创建模板时模板中的布局就已被设为锁定区域。若想修改锁定区域，需要重新打开模板文件，对模板内容编辑修改。

打开模板，移动光标至需要创建可编辑区域的位置，如图8-15所示。执行"插入"|"模板"|"可编辑区域"命令，打开"新建可编辑区域"对话框，在"名称"文本框中输入可编辑区域的名称，如图8-16所示。完成后单击"确定"按钮创建可编辑区域。

图 8-15　　　　　　　　　　　　　　　　　　　图 8-16

选中可编辑区域，执行"工具"|"模板"|"删除模板标记"命令可以取消可编辑区域。

2. 创建可选区域

可选区域是在模板中定义的、可以选择是否显示的内容。打开模板文件，执行"插入"|"模板"|"可选区域"命令，打开"新建可选区域"对话框，为可选区域命名，如图8-17所示。单击"高级"标签，切换到"高级"选项卡。在其中进行各项参数设置，如图8-18所示。设置完成后单击"确定"按钮，创建可选区域。

图 8-17　　　　　　　　　　　　　　　　　　　图 8-18

8.2.2　应用模板

通过"新建"命令或"资源"面板均可以创建基于模板的网页，下面对具体的操作进行介绍。

1. "新建"命令

执行"文件"|"新建"命令，在打开的"新建文档"对话框中选择"网站模板"选项卡，选择站点中的模板，如图8-19所示。完成后单击"创建"按钮，根据模板新建网页文档。

2. "资源"面板

新建空白文档，执行"窗口"|"资源"命令打开"资源"面板，选择"模板"选项卡中的

模板，如图8-20所示，单击"应用"按钮在文档中应用模板。

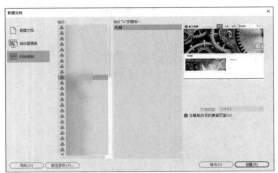

图 8-19

图 8-20

8.2.3 从模板中分离

基于模板创建的网页文档只有定义为可编辑的区域内容可以修改，其他区域是被锁定的，不能修改编辑。若想在不影响模板文档的前提下更改锁定区域，可以将网页从模板中分离。执行"工具"|"模板"|"从模板中分离"命令，如图8-21所示，将当前网页从模板中分离，网页中所有的模板代码将被删除。

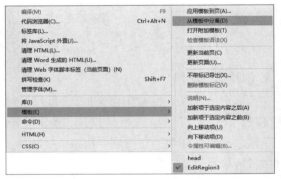

图 8-21

8.2.4 更新页面

更改模板可以对所有应用该模板的网页进行更新。打开使用模板的网页，执行"工具"|"模板"|"更新页面"命令，打开"更新页面"对话框，如图8-22所示。从中设置参数，完成后单击"开始"按钮更新模板。

该对话框中各选项的作用如下。

- **查看**：用于设置更新的范围。
- **更新**：用于设置更新级别。
- **显示记录**：用于显示更新文件记录。

图 8-22

动手练 应用服装网页模板

📄 **案例素材**：本书实例/第8章/动手练/应用服装网页模板

本练习将以应用创建的服装网页模板的制作为例介绍如何应用模板。具体操作步骤如下。

步骤01 打开Dreamweaver软件，执行"文件"|"新建"命令，在打开的"新建文档"对话

框中选择"网站模板"选项卡，选择站点中的模板，如图8-23所示。

步骤 **02** 单击"创建"按钮通过模板创建文件，如图8-24所示。

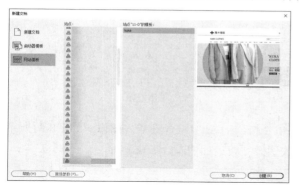

图 8-23

图 8-24

步骤 **03** 按Ctrl+Shift+S组合键将文件另存为"index.html"文件，如图8-25所示。

步骤 **04** 删除文本main，执行"插入"| Table命令，打开Table对话框设置参数，如图8-26所示。

图 8-25　　　　　　　　　　　　　　　　　　图 8-26

步骤 **05** 完成后单击"确定"按钮创建表格，如图8-27所示。选中表格单元格，在"属性"面板中设置水平居中对齐。

步骤 **06** 移动光标至第1行单元格中，执行"插入"| Table命令，打开Table对话框设置参数，如图8-28所示。

图 8-27　　　　　　　　　　　　　　　图 8-28

步骤 07 完成后单击"确定"按钮创建表格，如图8-29所示。

步骤 08 选中新建的表格单元格，在"属性"面板中设置宽和高均为120，单元格水平居中对齐，如图8-30所示。

图 8-29

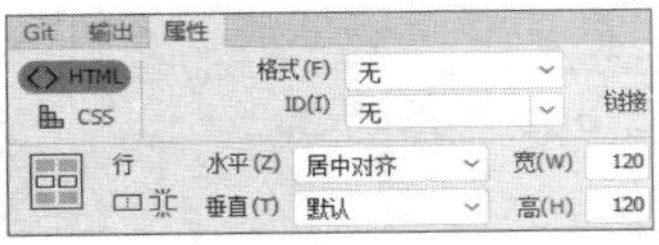

图 8-30

步骤 09 移动光标至新建表格的第1个单元格中，按Ctrl+Alt+I组合键插入图像，如图8-31所示。

步骤 10 使用相同的方法在其他单元格中插入图像，效果如图8-32所示。

图 8-31

图 8-32

步骤 11 移动光标至第2行单元格中输入文本，在"属性"面板中设置参数，如图8-33所示。

图 8-33

步骤 12 效果如图8-34所示。

步骤 13 移动光标至第3行单元格中，执行"插入"| Table命令，打开Table对话框设置参数，如图8-35所示。

图 8-34

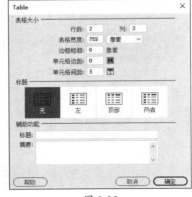

图 8-35

步骤 14 完成后单击"确定"按钮创建表格，如图8-36所示。

步骤 15 在新建表格的第1行单元格中分别插入图像，效果如图8-37所示。

图 8-36

图 8-37

步骤16 选中第2行单元格，按Ctrl+Alt+M组合键合并单元格，在"属性"面板中设置单元格水平居中对齐，如图8-38所示。

步骤17 在合并单元格中插入图像，如图8-39所示。

图 8-38   图 8-39

步骤18 保存文件后，按F12键预览效果，如图8-40所示。

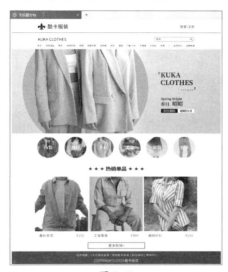

图 8-40

至此完成服装网页模板的应用。

8.3 库项目

Dreamweaver软件可以把常用的网页元素存入一个文件夹中，这个文件夹就是库，库中的元素被称为库项目。创建库后，软件会自动在站点根目录下创建名为Library的文件夹，所有库项目文件都保存在该文件夹中。更改库项目后，所有使用该库项目的网页会自动更新，避免了频繁手动更新所带来的不便。

8.3.1 创建库项目

用户可以创建空白库项目或将文档<body>部分中的元素创建为库项目。

1. 基于现有元素创建库项目

打开网页文档，选中要创建为库项目的元素，执行"窗口"|"资源"命令，打开"资源"面板。单击左侧底部的"库"按钮，切换至"库"选项卡，如图8-41所示。单击面板底部的"新建库项目"按钮，将基于选定对象创建库项目，如图8-42所示。

图 8-41   图 8-42

2. 创建空白库项目

不选中任何对象的情况下，单击"资源"面板底部的"新建库项目"按钮 🔲，新建空白库项目，如图8-43和图8-44所示。

图 8-43   图 8-44

8.3.2   应用库项目

"库"中的库项目可以很便捷地插入网页文档中使用。新建网页文档，移动光标至要插入库项目的位置，执行"窗口"|"资源"命令，打开"资源"面板，选择要使用的库项目，如图8-45所示。单击"插入"按钮，将选中对象插入网页中，如图8-46所示。

图 8-45   图 8-46

8.3.3 编辑和更新库项目

下面对库项目的编辑、重命名、删除、更新等操作进行介绍。

1. 编辑库项目

在"资源"面板中选中要编辑的库项目，双击或单击面板底部的"编辑"按钮 ，打开库项目文件进行编辑，如图8-47所示。

图 8-47

⚠注意事项 若已在文档中添加了库项目，且希望针对当前文档编辑此项目，必须在文档中断开此项目和库之间的链接。断开后，库项目发生更改时不会再更新当前文档中的项目。在当前文档中选择要编辑的库项目，在"属性"面板中单击"从源文件中分离"按钮即可，如图8-48所示。

图 8-48

2. 重命名库项目

在"资源"面板中单击要修改名称的库项目，使其变为可编辑状态，输入新的名称后按Enter键确认即可。

3. 删除库项目

在"资源"面板中选中要删除的库项目，单击底部的"删除"按钮 即可。

4. 更新库项目

执行"工具"|"库"|"更新页面"命令，打开"更新页面"对话框，如图8-49所示。进行设置后单击"开始"按钮，按照设置更新库项目。

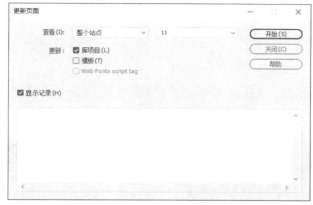

图 8-49

综合实战：制作自然科普网页模板并应用

📖 **案例素材：** 本书实例/第8章/案例实战/**制作自然科普网页模板并应用**

本案例将以自然科普网页模板的制作及应用为例，对模板的创建、设置及应用进行介绍。具体操作如下。

步骤01 新建站点及文件，如图8-50所示。将本章素材文件拖曳至本地站点文件夹中。

步骤02 双击打开新建的文件，执行"插入"| Table命令，打开Table对话框设置参数，如图8-51所示。

图 8-50

图 8-51

步骤03 完成后单击"确定"按钮创建表格。移动光标至表格第1行单元格中，按Ctrl+Alt+I组合键插入图像，如图8-52所示。

步骤04 使用相同的方法在第3行单元格中插入图像，如图8-53所示。

图 8-52

图 8-53

步骤05 执行"文件"|"另存为模板"命令，打开"另存模板"对话框设置参数，如图8-54所示。

步骤06 完成后单击"保存"按钮，在弹出的提示对话框中单击"是"按钮创建模板，如图8-55所示。

图 8-54

图 8-55

步骤07 移动光标至第2行单元格中，在"属性"面板中设置该单元格水平居中对齐，执行

"插入"|"模板"|"可编辑区域"命令，打开"新建可编辑区域"对话框，在"名称"文本框中输入可编辑区域的名称，如图8-56所示。

步骤08 完成后单击"确定"按钮创建可编辑区域，如图8-57所示。

图 8-56

图 8-57

步骤09 执行"文件"|"新建"命令，在打开的"新建文档"对话框中选择"网站模板"选项卡，选择站点中的模板，如图8-58所示。

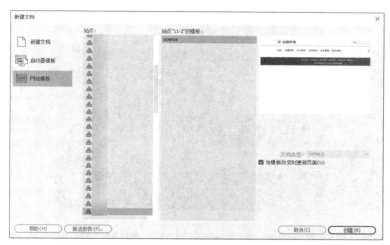

图 8-58

步骤10 单击"创建"按钮，通过模板创建文件，按Ctrl+Shift+S组合键将文件另存为"index.html"文件，如图8-59所示。

步骤11 删除文本main，执行"插入"|Table命令，打开Table对话框设置参数，如图8-60所示。

图 8-59

图 8-60

步骤12 完成后单击"确定"按钮创建表格，如图8-61所示。选中表格所有单元格，在"属性"面板中设置水平居中对齐。

图 8-61

步骤13 在新建表格的第1行和第3行单元格中插入图像，如图8-62所示。

图 8-62

步骤14 移动光标至新建表格的第2行单元格中，执行"插入" | Table命令，打开Table对话框设置参数，如图8-63所示。

步骤15 完成后单击"确定"按钮创建表格，如图8-64所示。

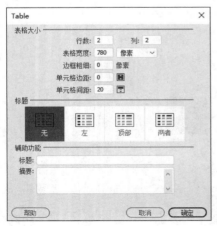

图 8-63

图 8-64

步骤 16 依次在表格中插入图像，效果如图8-65所示。

步骤 17 依次选中插入的图像，单击"资源"面板左侧底部的"库"按钮 📖，切换至"库"选项卡，单击面板底部的"新建库项目"按钮 ⊕，基于选定对象创建库项目，如图8-66所示。

图 8-65

图 8-66

步骤 18 保存文件后，按F12键预览效果，如图8-67所示。

图 8-67

至此完成自然科普网页模板的制作与应用。

ⓆⒶ 新手答疑

1. Q: 模板的主要优势是什么?

A: 模板的主要优势包括以下三点。

- **一致性**：保证整个网站的设计风格和布局一致。
- **高效性**：当需要对设计进行更改时，只需修改模板文件，所有基于该模板的页面都会自动更新。
- **易于管理**：使网站的维护和更新变得更加简单和直接。

2. Q: 库的主要优势是什么?

A: 库的主要优势包括以下三点。

- **重用性**：提高了元素重用效率，简化了页面元素的管理。
- **一致性**：确保网站各处使用的相同元素能够保持一致。
- **可维护性**：更新库项目可以自动反映到所有引用该项目的页面上，减少维护工作。

3. Q: 模板可以嵌套吗?

A: 可以。模板嵌套是指在一个模板文件中使用其他模板。在创建嵌套模板（新模板）时，需要先保存被嵌套模板文件（基本模板），然后创建应用基本模板的网页，再将该网页另存为模板。新模板拥有基本模板的可编辑区域，还可以继续添加新的可编辑区域。

执行"文件"|"新建"命令，新建一个基于模板的网页文档，执行"文件"|"另存为模板"命令，打开"另存模板"对话框进行设置，完成后单击"保存"按钮，创建嵌套模板。

4. Q: 模板文件存储在哪?

A: 创建模板时需明确模板所在站点，创建后软件会自动在站点根目录下创建名为Templates的文件夹，所有模板文件均保存在该文件夹中。

5. Q: Dreamweaver 模板文件的扩展名是什么?

A: Dreamweaver模板文件的扩展名是".dwt"。

6. Q: 在 Dreamweaver 中，可编辑区域可以嵌套吗?

A: 不可以，可编辑区域不能嵌套，每个可编辑区域都必须是独立的。

7. Q: 怎么对应用模板的网页中的不可编辑区域进行修改?

A: 将该页面从模板中分离就可以进行修改。要注意的是，分离模板后，该网页将不再随模板更新。

8. Q: 一个网页中能否使用多个库项?

A: 可以，一个网页中可以使用多个库项，以便重复使用设计元素或组件。

Dreamweaver
HTML Flash
Photoshop

第 **9** 章
网页动画
基础知识

本章将对网页动画的基础操作进行介绍。通过本章内容的学习，用户可以了解Animate的工作界面；掌握新建文档、测试与发布动画等文档基本操作；学会使用不同工具绘制图形，并对其进行填色与编辑等。

✍ **要点难点**

- Animate的工作界面
- 文档基本操作
- 动画的测试与发布
- 矢量图形的绘制与编辑

9.1 Animate工作界面

Adobe Animate是Flash的直接继承者，其原名称为Flash Professional。Animate在支持Flash SWF文件的基础上，加入了对HTML 5的支持。2016年，Adobe Flash Professional正式更名为Adobe Animate CC，这标志着该软件转向更广泛的动画和创作领域。

Animate工作界面包括菜单栏、舞台、粘贴板、工具箱、时间轴、"属性"面板等重要组成部分，如图9-1所示。

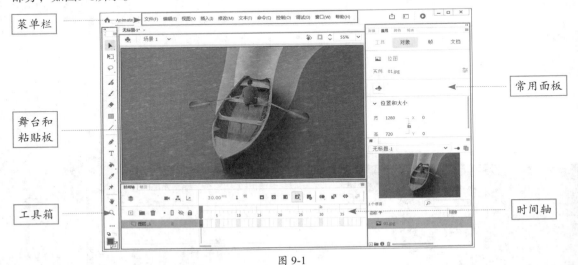

图 9-1

常用组成部分作用介绍如下。

1. 菜单栏

菜单栏包括"文件""编辑""视图""插入""修改""文本""命令""控制""调试""窗口"和"帮助"11个菜单项，在这些菜单项中几乎可以执行Animate中的所有操作命令。

2. 舞台和粘贴板

舞台是用户在创建文件时放置内容的矩形选区（默认为白色），只有在舞台中的对象才能够作为动画输出或打印。粘贴板则以淡灰色显示，在测试动画时，粘贴板中的对象不会显示出来。

3. 工具箱

工具箱默认位于窗口左侧，包括选择工具、文本工具、变形工具、绘图工具以及颜色填充工具等。用户可以移动光标至工具箱上方空白区域，按住鼠标左键拖动调整其位置。

4. 时间轴

时间轴由图层、帧和播放头组成，主要用于组织和控制文档内容在一定时间内播放的帧数。"时间轴"面板可以分为左边的图层控制区域和右边的帧控制区域，图层控制区域用于设置整个动画的"空间"顺序，包括图层的隐藏、锁定、插入、删除等。帧控制区域用于设置各图层中各帧的播放顺序，它由若干帧单元格构成，每一格代表一帧，一帧又包含若干内容，即所要显示的图片及动作。将这些图片连续播放，就能观看到一个动画。

5. 常用面板

Animate中提供多个面板帮助用户快速准确地制作动画，用户可以执行"窗口"命令，在其菜单中执行命令打开相应的面板。图9-2～图9-4所示分别为打开的"属性"面板、"库"面板和"颜色"面板。其中，"属性"面板随着选取对象或工具的不同，显示的内容也会有所不同；"库"面板中则存放着当前文档中所用的项目；"颜色"面板则主要用于设置选中对象的颜色。

图 9-2

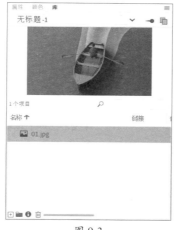

图 9-3

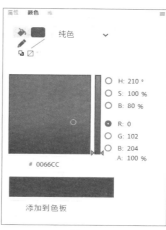

图 9-4

9.2 文档基本操作

文档在动画制作过程中扮演着非常重要的角色，是制作动画的基础。本节将对新建文档、保存文档等基础操作进行介绍。

9.2.1 新建文档

打开Animate软件后单击主屏幕中的"新建"按钮，打开"新建文档"对话框，如图9-5所示。"新建文档"对话框中包括许多常用的预设文档，用户可以直接选择后单击"创建"按钮新建文档。若预设中没有需要的文档参数，也可以在该对话框右侧的"详细信息"区域中设置文档尺寸、单位、帧速率等参数，完成后单击"创建"按钮，根据设置新建文档。

✅知识点拨 执行"文件"|"新建"命令或按Ctrl+N组合键可以打开"新建文档"对话框新建空白文档。

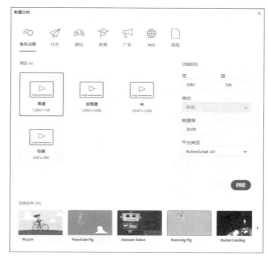

图 9-5

9.2.2　设置文档属性

　　"属性"面板可以对文档的尺寸、颜色、帧速率等进行设置。单击"文档设置"选项卡中的"更多设置"按钮，打开"文档设置"对话框可以进行更多操作，如图9-6所示。

　　执行"修改"|"文档"命令或按Ctrl+J组合键，同样可以打开"文档设置"对话框进行设置。

图 9-6

9.2.3　打开已有文档

　　除了新建文档外，用户还可以选择打开已有文档进行编辑或者制作。常用的打开文档的方式有以下三种。

- 单击主屏幕中的"打开"按钮，在弹出的"打开"对话框中选中需要打开的文档，单击"打开"按钮。
- 双击文件夹中的Animate文件将其打开。
- 执行"文件"|"打开"命令或按Ctrl+O组合键，打开"打开"对话框，选择需要打开的文档后单击"打开"按钮。

9.2.4　导入素材

　　Animate支持导入外部素材进行应用，以提高制作效率。一般导入素材有导入至库和导入至舞台两种途径。

1. 导入至库

　　执行"文件"|"导入"|"导入到库"命令，打开"导入到库"对话框选择要导入的素材，单击"打开"按钮将素材导入"库"面板，如图9-7所示。使用时将素材从"库"面板中拖曳至舞台中即可。

2. 导入至舞台

　　执行"文件"|"导入"|"导入到舞台"命令，或按Ctrl+R组合键打开"导入"对话框，选

择要导入的素材，单击"打开"按钮将素材对象导入舞台中，如图9-8所示。

图 9-7

图 9-8

9.2.5 保存文档

保存文档是任何软件的基础操作之一，可以有效存储制作内容，方便数据持久性保存和后续的编辑修改。常用的保存文档的方式有以下两种。

- 执行"文件"|"保存"命令或按Ctrl+S组合键，保存文档。
- 执行"文件"|"另存为"命令或按Ctrl+Shift+S组合键，打开"另存为"对话框，设置参数后，单击"保存"按钮保存文档。

> **❶注意事项** 初次保存文档时，无论执行"保存"命令还是"另存为"命令，都将打开"另存为"对话框设置文档名称、位置等参数。

9.2.6 测试与发布动画

测试动画可以确保动画达到设计要求，以便发布输出。本节将对动画的测试、优化、发布等操作进行介绍。

1. 测试动画

测试动画分为在测试环境中测试和在编辑模式中测试两种方式，详细介绍如下。

（1）在测试环境中测试

在测试环境中测试动画可以更直观地看到动画的效果，更精准地评估动画、动作脚本或其他重要的动画元素是否达到设计要求。执行"控制"|"测试"命令或按Ctrl+Enter组合键在测试环境中测试动画。

在测试环境中测试的优点是可以完整地测试动画，但是该方式只能完整地播放测试，不能单独选择某一段进行测试。

（2）在编辑模式中测试

在编辑模式中可以简单地测试动画效果。移动时间线至第1帧，执行"控制"|"播放"命令或按Enter键，在编辑模式中进行测试。与在测试环境中测试相比，在编辑环境中测试更加方便快捷，可以针对某一段动画进行单独测试。但是该测试方式测试的内容有所局限，有一些无法测试的内容。

2. 优化动画

优化动画可以减小动画的存储空间，在后续下载或播放时更加流畅。优化动画一般从以下4个方面入手。

- 优化元素和线条，包括组合元素、执行"修改"|"形状"|"优化"命令降低分隔线数量、限制虚线等特殊线条的数量等。
- 优化文本，包括限制字体和字体样式的使用、嵌入字体时仅嵌入所需的字符等。
- 优化动画，包括将常用元素转换为元件、使用补间动画替代逐帧动画、使用影片剪辑元件而不是图形元件等。
- 优化色彩，包括使用实例的"颜色样式"功能调整实例颜色、在影响不大的情况下减少渐变色的使用、少用Alpha透明度等。

3. 发布动画

发布是Animate中的特有功能，默认情况下它可以创建一个SWF文件和一个HTML文档，还可以选择发布为其他格式。执行"文件"|"发布设置"命令，或单击"属性"面板中"发布设置"选项卡中的"更多设置"按钮 更多设置，打开"发布设置"对话框，如图9-9所示。该对话框中常用选项卡作用如下。

- **"Flash（.swf）"选项卡**：用于设置发布为Animate文件的参数，包括播放器版本、ActionScript版本、JPEG品质、音频流采样率和压缩等。
- **"HTML包装器"选项卡**：用于设置发布为HTML文件的参数，用户可以在该选项卡中更改内容出现在窗口中的位置、背景颜色、SWF文件大小等参数。
- **"Win放映文件"选项卡**：用于将文档发布为EXE文件，该操作可以使动画在没有安装Animate应用程序的计算机上播放。

✅ 知识点拨 选择"Mac放映文件"选项卡进行设置，可以发布成macOS操作系统使用的可执行格式。

图 9-9

4. 导出动画

Animate支持将文档中的内容导出为图像、GIF、SWF等格式，以便后续使用。

（1）导出图像

软件中包括"导出图像"和"导出图像（旧版）"两个导出图像的命令。

- **导出图像**：执行"文件"|"导出"|"导出图像"命令，打开"导出图像"对话框，如图9-10所示。在该对话框中选择合适的格式，并进行设置后单击"保存"按钮，打开"另存为"对话框，在该对话框中设置参数后单击"保存"按钮导出图像。

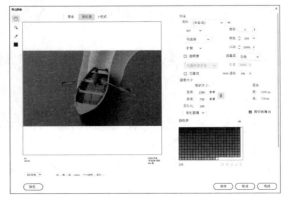

图 9-10

● **导出图像（旧版）：** 执行"文件"|"导出"|"导出图像（旧版）"命令，打开"导出图像（旧版）"对话框，如图9-11所示。选择合适的保存位置、名称及保存类型后单击"保存"按钮导出图像。

图 9-11

（2）导出影片

"导出影片"命令可以将动画导出为包含画面、动作和声音等全部内容的动画文件。执行"文件"|"导出"|"导出影片"命令，打开"导出影片"对话框，选择SWF格式保存即可。

> ✅**知识点拨** 保存文件后，按Ctrl+Enter组合键测试影片，将自动导出SWF格式文件。

（3）导出动画GIF

"导出动画GIF"命令可以导出GIF动画。执行"文件"|"导出"|"导出动画GIF"命令，打开"导出图像"对话框，设置参数后单击"保存"按钮即可。

动手练 导出网页可用GIF动画

📖 **案例素材：本书实例/第9章/动手练/导出网页可用GIF动画**

本练习将以GIF动画的导出为例，介绍网页中使用的动画如何导出。具体操作如下。

步骤 01 双击文件夹中的"导出GIF动画素材.fla"文件将其打开，执行"文件"|"另存为"命令，打开"另存为"对话框将其另存，如图9-12所示。

步骤 02 按Enter键在编辑环境中测试动画效果，如图9-13所示。

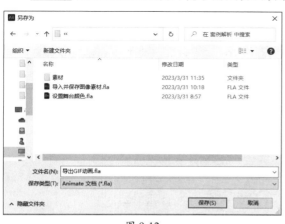

图 9-12

图 9-13

步骤 03 执行"文件"|"导出"|"导出动画GIF"命令，打开"导出图像"对话框，设置参数，如图9-14所示。

步骤04 完成后单击"保存"按钮，打开"另存为"对话框设置保存路径和名称，如图9-15
所示。完成后单击"保存"按钮保存文档。

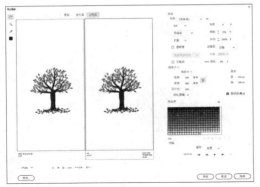

图 9-14　　　　　　　　　　　　　　　　　图 9-15

至此完成网页可用GIF动画的导出。

9.3　绘制矢量图形

图形是矢量动画制作的核心元素，Animate提供了一系列工具和命令，帮助用户更好地绘制
矢量图形，下面对此进行介绍。

9.3.1　辅助绘图工具

辅助绘图工具可以辅助用户绘制图形，如标尺、网格辅助线等。下面对此进行说明。

1. 标尺

执行"视图"|"标尺"命令，或按Ctrl+Alt+Shift+R组合键，打开标尺，如图9-16所示。再
次执行"视图"|"标尺"命令或按相应的组合键，可将标尺隐藏。

2. 网格

执行"视图"|"网格"|"显示网格"命令，或按Ctrl+'组合键，将显示网格，如图9-17所
示。再次执行该命令，可将网格隐藏。

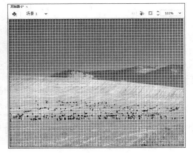

图 9-16　　　　　　　　　　　　　　　图 9-17

！注意事项 舞台的左上角是标尺的零起点。

3. 辅助线

显示标尺后，在水平标尺或垂直标尺上按住鼠标左键向舞台拖动，可添加辅助线，辅助线的默认颜色为"#58FFFF"，如图9-18所示。执行"视图"|"辅助线"|"显示辅助线"命令，或按Ctrl+;组合键，可以切换辅助线的显示或隐藏。

> **✅知识点拨** 选中辅助线拖曳至标尺上可删除单个辅助线；执行"视图"|"辅助线"|"清除辅助线"命令，可删除当前场景中的所有辅助线。

图 9-18

9.3.2 绘制线条

绘制线条的工具有很多，常用的包括线条工具、钢笔工具等，本节将对这两种工具进行介绍。

1. 线条工具

"线条工具" ╱可以绘制多种类型的直线段，如图9-19所示。选择工具箱中的"线条工具" ╱，在"属性"面板中设置直线的样式、粗细程度和颜色等属性，如图9-20所示。在舞台中按住鼠标左键拖曳，达到需要的长度和斜度后释放鼠标左键创建直线段。

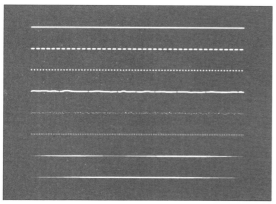

图 9-19

图 9-20

> **✅知识点拨** 在绘制直线时，按住Shift键可以绘制水平线、垂直线和45°斜线；按住Alt键，可以以起始点为中心向两侧绘制直线。

2. 钢笔工具

"钢笔工具" ✍是非常实用的一种工具，可用于绘制各种线条和图形。单击工具箱中的"钢笔工具" ✍或按P键可切换至"钢笔工具"。下面对其操作进行介绍。

（1）绘制直线

选择"钢笔工具" ✍后，每单击一次就会产生一个锚点，且该锚点同前一个锚点自动用直线连接。在绘制时若按住Shift键，则将线段约束为45°的倍数。图9-21所示为使用"钢笔工具" ✍绘制的五角星。

（2）绘制曲线

绘制曲线是"钢笔工具" ✐ 最强的功能。添加新的线段时，在某一位置按住鼠标左键拖曳，则新的锚点与前一锚点用曲线相连，并且会显示控制曲率的切线控制点。图9-22所示为使用"钢笔工具" ✐ 绘制的曲线造型。

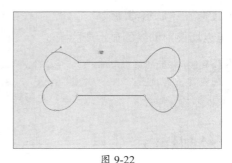

图 9-21

图 9-22

（3）转换锚点

用户可以直接使用"转换锚点工具" ⌐ 转换曲线上的锚点类型。当光标变为 ⌐ 状时，将光标移至曲线上需要操作的锚点上单击，将曲线点转换为转角点，如图9-23和图9-24所示。选中转角点拖曳，将转角点转换为曲线点。

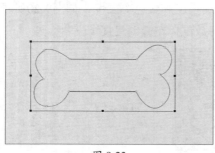

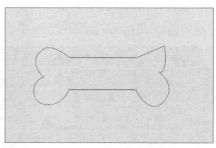

图 9-23

图 9-24

（4）添加锚点

使用钢笔工具组中的"添加锚点工具" ✐，可以在曲线上添加锚点，绘制出更加复杂的曲线。在钢笔工具组中选中"添加锚点工具" ✐，移动笔尖对准要添加锚点的位置，待光标变为 ✐ 状时，单击添加锚点。

（5）删除锚点

删除锚点与添加锚点正好相反，选择"删除锚点工具" ✐ 后，将笔尖对准要删除的锚点，待光标变为 ✐ 状时，单击删除锚点。

9.3.3 绘制简单图形

用户可以通过矩形工具、椭圆工具、多角星形工具等标准图形工具绘制简单图形，如矩形、圆、星形等，下面对此进行介绍。

1. 矩形工具

Animate中包括"矩形工具" ▢ 和"基本矩形工具" ▣ 两种矩形工具。

（1）矩形工具

选择"矩形工具"■或按R键切换至"矩形工具"，在"属性"面板中设置属性参数后，在舞台中按住鼠标左键拖曳，到达目标位置后释放鼠标左键绘制矩形，如图9-25所示。

注意事项 在绘制矩形过程中，按住Shift键可以绘制正方形。

（2）基本矩形工具

"基本矩形工具"■类似于"矩形工具"■，但是会将形状绘制为独立的对象。长按工具箱中的"矩形工具"■，在弹出的菜单中选择"基本矩形工具"■，在舞台上按住鼠标左键拖曳绘制基本矩形，此时绘制的矩形有4个节点，用户可以直接拖动节点或在"属性"面板的矩形选项中设置参数，设置圆角效果，如图9-26所示。

图 9-25   图 9-26

知识点拨 使用"基本矩形工具"■绘制基本矩形时，按↑键和↓键可以改变圆角的半径。

2. 椭圆工具

Animate中包括"椭圆工具"●和"基本椭圆工具"●两种椭圆工具。

（1）椭圆工具

选择工具箱中的"椭圆工具"●或按O键切换至"椭圆工具"，在"属性"面板中设置参数，如图9-27所示。在舞台中按住鼠标左键并拖曳，到达合适位置后释放鼠标左键绘制椭圆。在绘制椭圆之前或绘制过程中，按住Shift键可以绘制正圆，如图9-28所示。

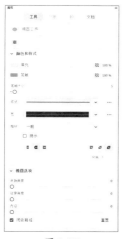 

图 9-27   图 9-28

"属性"面板的"椭圆选项"选项卡中各选项作用如下。

● **开始角度和结束角度**：用于设置开始时的角度和结束时的角度，可用于绘制扇形及其他有创意的图形。

● **内径**：取值范围为0～99。为0时绘制的是填充的椭圆；为99时绘制的是只有轮廓的椭圆；为中间值时，绘制的是内径不同大小的圆环。

● **闭合路径**：用于确定图形的闭合与否。

● **重置**：单击该按钮将重置椭圆工具的所有控件为默认值。

（2）基本椭圆工具

长按工具箱中的"矩形工具" ■ ，在弹出的菜单中选择"基本椭圆工具" ● ，在舞台上按住鼠标左键拖曳绘制基本椭圆；若按住Shift键拖动鼠标左键，释放鼠标左键后将绘制正圆。使用"基本椭圆工具" ● 绘制的图形具有节点，用户可以直接拖动节点或在"属性"面板的"椭圆选项"选项卡中设置参数，制作扇形图案，如图9-29和图9-30所示。

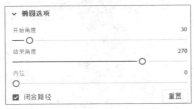

图 9-29

图 9-30

> **⚠ 注意事项** "基本矩形工具" ▣ 和"基本椭圆工具" ● 绘制的对象可以通过分离命令（按Ctrl+B组合键）分离成普通矩形和椭圆。

3. 多角星形工具

"多角星形工具" ⬡ 可用于绘制多边形或多角星。选中工具箱中的"多角星形工具" ⬡ ，在"属性"面板中设置多角星形参数，如图9-31所示。在舞台上按住鼠标左键拖曳绘制图形，如图9-32所示。

图 9-31

图 9-32

"属性"面板的"工具选项"选项卡中各选项作用如下。

- **样式：**用于选择绘制星形或多边形。
- **边数：**用于设置形状的边数。
- **星形顶点大小：**用于改变星形形状。星形顶点大小只针对星形样式，输入的数字越接近0，创建的顶点越深。若是绘制多边形，则一般保持默认设置。

9.3.4　绘制复杂图形

铅笔工具、画笔工具等工具可以自由地绘制图形，以制作更加复杂的图形效果。下面对此进行介绍。

1. 铅笔工具

"铅笔工具" ✐ 可以绘制和编辑线段。选择工具箱中的"铅笔工具" ✐，在舞台上单击并按住鼠标左键拖曳绘制出线条，如图9-33所示。若想绘制平滑或者伸直的线条，可以在工具箱下方的选项区域中设置铅笔模式，如图9-34所示。

图 9-33

图 9-34

3种铅笔模式的作用分别如下。

- **伸直 ↰：**选择该绘图模式，当绘制出近似的正方形、圆、直线或曲线等图形时，Animate将根据它的判断调整成规则的几何形状。
- **平滑 S：**用于绘制平滑曲线。在"属性"面板可以设置平滑参数。
- **墨水 ✎：**用于随意地绘制各类线条，该模式不对笔触进行任何修改。

2. 画笔工具

画笔工具可以分为"传统画笔工具" ✐、"流畅画笔工具" ✐ 和"画笔工具" ✐ 三种。这三种画笔可以实现不同的效果。

- **传统画笔工具：**"传统画笔工具" ✐ 主要用于绘制色块。选中工具箱中的"传统画笔工具" ✐ 或按B键切换至"传统画笔工具"，在"属性"面板中设置参数后，在舞台上拖动鼠标左键绘制图形，如图9-35所示。
- **流畅画笔工具：**"流畅画笔工具" ✐ 具有更多配置线条样式的选项，用户可以在"属性"面板中设置曲线平滑度、线条的绘制速度、画笔压力等。
- **画笔工具：**"画笔工具" ✐ 类似于Illustrator软件中常用的艺术画笔和图案画笔，通过选择画笔笔触可以绘制出更具风格化的效果，如图9-36所示。

图 9-35

图 9-36

9.3.5 设计图形色彩

Animate提供了专门的填充工具，如颜料桶工具、墨水瓶工具等，以帮助用户更好地设计图形色彩。下面对这些工具进行说明。

1. 颜料桶工具

"颜料桶工具" 主要用于为工作区内有封闭区域的图形填色，包括空白区域或已有颜色的区域。选中"颜料桶工具" 或按K键切换至"颜料桶工具"，执行"窗口"|"颜色"命令，打开"颜色"面板，设置填充颜色，如图9-37所示。在图形封闭区域单击为其填充设置的颜色，如图9-38所示。

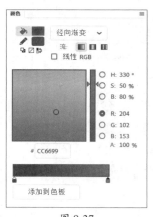

图 9-37

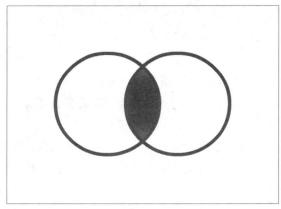

图 9-38

✅**知识点拨** 选择"颜料桶工具" 后，在工具箱的选项区域将显示"锁定填充"按钮■和"间隙大小"按钮□。单击"锁定填充"按钮■，当使用渐变填充或者位图填充时，可以将填充区域的颜色变化规律锁定，作为这一填充区域周围的色彩变化规范；单击"间隙大小"按钮□，在弹出的下拉列表中可以设置是否填充具有缺口的区域。

2. 渐变变形工具

"渐变变形工具"■可以调整图形中的渐变。选中舞台中的渐变对象，长按工具箱中的"任意变形工具"□，在弹出的菜单中选择"渐变变形工具"■，舞台中将显示选中对象的控制点，在舞台中按住鼠标左键进行调节即可，如图9-39和图9-40所示。

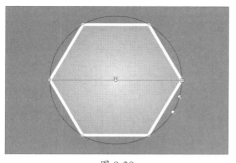

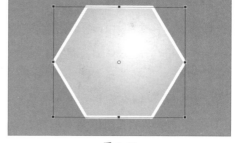

图 9-39   图 9-40

3. 墨水瓶工具

"墨水瓶工具" 🖋可以设置当前线条的基本属性，包括调整当前线条的颜色（不包括渐变和位图）、尺寸和线型等，或者为填充色添加描边。

选择工具箱中的"墨水瓶工具" 🖋或按S键切换至"墨水瓶工具"，在"属性"面板中设置笔触参数，移动光标至填充色或分离后的文字上单击添加描边，如图9-41和图9-42所示。

图 9-41   图 9-42

⚠注意事项 "墨水瓶工具" 🖋只影响矢量图形。

4. 滴管工具

"滴管工具" 🖋类似于格式刷，可以从舞台中的对象上拾取属性，并将其应用至其他对象。

选择工具箱中的"滴管工具" 🖋或按I键切换至"滴管工具"，当光标靠近填充色时单击，获得该填充色的属性，此时光标变为颜料桶，单击另一个填充色，赋予这个填充色吸取的填充色属性；当光标靠近线条时单击，可获得该线条的属性，此时光标变为"墨水瓶"，单击另一个线条，赋予这个线条吸取的线条属性。

除了吸取填充或线条属性外，"滴管工具" 🖋还可以将整幅图片作为元素填充到图形中。选择图像并按Ctrl+B组合键分离，使用"滴管工具" 🖋在分离图像上单击吸取属性，如图9-43所示。选择绘制的图形，单击填充图像，如图9-44所示。

图 9-43   图 9-44

9.3.6 编辑所绘图形

编辑工具和编辑命令可用于编辑修改图形，使其产生预期的变化。本节将对编辑图形对象的操作进行介绍。

1. 选择对象

在编辑图形对象之前，首先需要选中被编辑对象。Animate中提供了"选择工具" ▶、"部分选取工具" ▷、"套索工具" ♀等多个选择对象的工具。这些工具的作用分别如下。

- **选择工具**：用于选择形状、组、文字、实例和位图等多种类型的对象，是常用的一种工具。
- **部分选取工具**：用于选择并调整矢量图形上的锚点。
- **套索工具**：用于选择对象的某一部分。
- **多边形工具**：用于精确地选取不规则图形。
- **魔术棒**：用于操作位图。导入位图对象后，按Ctrl+B组合键打散位图对象，选择"魔术棒" ⚲，在"属性"面板中设置合适的参数，在位图上单击选中与单击点颜色类似的区域。

2. 任意变形工具

"任意变形工具" ▦可以使对象产生变形、旋转、倾斜、缩放、扭曲等形变效果。选中绘制的对象，单击工具箱中的"任意变形工具" ▦，下方的选项区域将出现"任意变形"按钮🖾、"旋转与倾斜"按钮🗗、"缩放"按钮🖾、"扭曲"按钮🗗以及"封套"按钮🖾5个按钮，如图9-45所示。根据需要选择按钮进行操作即可。

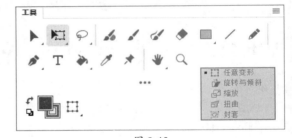

图 9-45

3. 橡皮擦工具

"橡皮擦工具" ◆可以擦除文档中绘制的图形对象的多余部分。选中"橡皮擦工具" ◆，在工具箱的选项区域单击"橡皮擦模式"按钮◔，在弹出的菜单中可以选择橡皮擦模式，如图9-46所示。

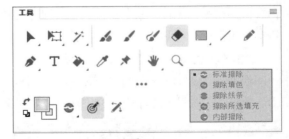

图 9-46

5种橡皮擦模式的作用分别如下。

- **标准擦除**◔：选择该模式，将只擦除同一层上的笔触和填充。
- **擦除填色**◔：选择该模式，将只擦除填色，其他区域不影响。
- **擦除线条**◔：选择该模式，将只擦除笔触，不影响其他内容。
- **擦除所选填充**◔：选择该模式，将只擦除当前选定的填充。
- **内部擦除**◔：选择该模式，将只擦除橡皮擦笔触开始处的填充。

❶注意事项 双击"橡皮擦工具" ◆可以删除文档中未被隐藏和锁定的内容。

4. 宽度工具

"宽度工具" 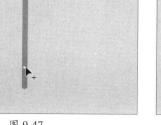 可以通过改变笔触的粗细度调整笔触效果。使用任意绘图工具绘制笔触或形状，选中"宽度工具" 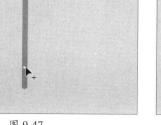，移动光标至笔触上，显示潜在的宽度点数和宽度手柄，选定宽度点数拖动宽度手柄，增加笔触可变宽度，如图9-47和图9-48所示。

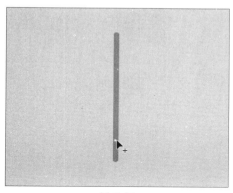

图 9-47   图 9-48

5. 合并对象

椭圆工具、矩形工具、画笔工具等工具在绘制矢量图形时，单击工具箱选项区域中的"对象绘制"按钮可以直接绘制对象，用户可以执行"修改"|"合并对象"命令中的"联合""交集""打孔""裁切"等子命令，合并或改变现有对象来创建新形状。一般情况下，所选对象的堆叠顺序决定了操作的工作方式。

- **删除封套：** 用于删除图形中使用的封套。
- **联合对象：** 执行该命令，可以将两个或多个形状合成一个对象绘制图形，其由联合前形状上所有可见的部分组成，形状上不可见的重叠部分将被删除。
- **交集对象：** 执行该命令，可以将两个或多个形状重合的部分创建为新形状，其由合并的形状的重叠部分组成，形状上任何不重叠的部分将被删除。生成的形状使用堆叠中最上面的形状的填充和笔触。
- **打孔对象：** 执行该命令，可以删除所选对象的某些部分，删除的部分由所选对象的重叠部分决定。
- **裁切对象：** 执行该命令，可以使用一个对象的形状裁切另一个对象。用上面的对象定义裁切区域的形状。下层对象中与最上面的对象重叠的所有部分将被保留，而下层对象的所有其他部分及最上面的对象将被删除。

> ✅**知识点拨** "交集"命令与"裁切"命令类似，区别在于"交集"命令保留上面的图形，"裁切"命令保留下面的图形。

6. 组合与分离对象

组合和分离对象有助于对多个或单个对象进行操作。本节将对此进行介绍。

（1）组合对象

组合是将图形块或部分图形组成一个独立的整体，可以在舞台上任意拖动，而其中的图形内容及周围的图形内容不会发生改变，以便于绘制或进行再编辑。选中对象后执行"修改"｜"组合"命令，或按Ctrl+G组合键将选择的对象编组。图9-49和图9-50所示为组合前后的效果。

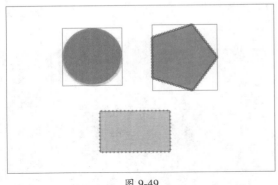

图 9-49　　　　　　　　　　　　　　　图 9-50

（2）分离对象

"分离"命令与"组合"命令的作用相反。它可以将已有的整体图形分离为可进行编辑的矢量图形，使用户可以对其进行再编辑。在制作变形动画时，需使用"分离"命令将图形的组合、图像、文字或组件转变成图形。执行"修改"｜"分离"命令，或按Ctrl+B组合键，分离选择的对象。

7. 对齐与分布对象

"对齐"和"分布"命令可以调整所选图形的相对位置关系，使舞台中的对象排列整齐。选中对象后执行"修改"｜"对齐"命令，在弹出的菜单中执行子命令，完成相应的操作。用户也可以执行"窗口"｜"对齐"命令或者按Ctrl+K组合键，打开"对齐"面板进行对齐和分布操作，如图9-51所示。

在"对齐"面板中，包括"对齐""分布""匹配大小""间隔"和"与舞台对齐"5个功能区。下面对这5个功能区中各按钮的含义及应用进行介绍。

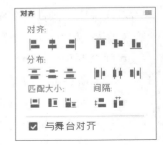

图 9-51

- **对齐**：对齐是指按照选定的方式排列对齐对象。在该功能区中，包括"左对齐"■、"水平中齐"■、"右对齐"■、"顶对齐"■、"垂直中齐"■以及"底对齐"■6个按钮。
- **分布**：分布是指将舞台上间距不一的图形均匀地分布在舞台中，使画面效果更加美观。在默认状态下，均匀分布图形将以所选图形的两端为基准，对其中的图形进行位置调整。
- **匹配大小**：在该功能区中，包括"匹配宽度"■、"匹配高度"■、"匹配宽和高"■3个按钮，分别选择这3个按钮，可将选择的对象分别进行水平缩放、垂直缩放、等比例缩放，其中最左侧的对象是其他所选对象匹配的基准。
- **间隔**：间隔与分布有些相似，但是分布的间距标准是多个对象的同一侧，间距则是相邻两对象的间距。在该功能区中，包括"垂直平均间隔"■和"水平平均间隔"■两种，可使选择的对象在垂直方向或水平方向的间隔距离相等。
- **与舞台对齐**：勾选该复选框后，可使对齐、分布、匹配大小、间隔等操作以舞台为基准。

8. 修饰图形对象

优化曲线、扩展填充等修饰图形对象的操作可以改变原图形的线条、形状等，使其呈现更佳的表现效果。

（1）将线条转换为填充

"将线条转换为填充"命令可以将矢量线条转换为填充色块，方便用户编辑操作，制作出更加活泼的效果，同时避免传统动画线条粗细一致的现象，但缺点是文件会变大。

选中线条对象，执行"修改"|"形状"|"将线条转换为填充"命令，将外边线转换为填充色块。此时，使用选择工具，将光标移至线条附近，按住鼠标左键拖曳，可以将转化为填充的线条拉伸变形，如图9-52和图9-53所示。

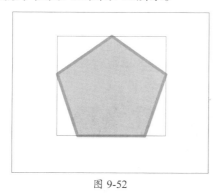 

图 9-52   图 9-53

（2）扩展填充

"扩展填充"命令可以向内收缩或向外扩展对象。执行"修改"|"形状"|"扩展填充"命令，打开"扩展填充"对话框，如图9-54所示。在该对话框中设置参数，对所选图形的外形进行修改。

其中扩展是指以图形的轮廓为界，向外扩展，放大填充。插入是指以图形的轮廓为界，向内收紧，缩小填充。

图 9-54

（3）柔化填充边缘

"柔化填充边缘"命令与"扩展填充"命令相似，都是对图形的轮廓进行放大或缩小填充。不同的是，柔化填充边缘可以在填充边缘产生多个逐渐透明的图形层，形成边缘柔化的效果。执行"修改"|"形状"|"柔化填充边缘"命令，在弹出的"柔化填充边缘"对话框中设置边缘柔化效果，如图9-55所示。完成后单击"确定"按钮，效果如图9-56所示。

图 9-55   图 9-56

"柔化填充边缘"对话框中各选项作用如下。

- **距离：** 用于设置边缘柔化的范围，单位为像素。值越大，柔化边缘越宽。
- **步长数：** 用于设置柔化边缘生成的渐变层数。步长数越多，效果越平滑。
- **方向：** 用于设置边缘向内收缩或向外拓展。单击"扩展"按钮，则向外扩大柔化边缘；
  单击"插入"按钮，则向内缩小柔化边缘。

 动手练 绘制雪花造型丰富网页

📖 **案例素材：** 本书实例/第9章/动手练/绘制雪花造型丰富网页

本练习将以雪花造型的绘制为例，对图形对象的绘制及修饰进行介绍。具体操作步骤如下。

步骤 01 新建一个400px×400px大小的空白文档，并设置舞台颜色为深灰色，如图9-57所示。

步骤 02 选择线条工具，在"属性"面板中设置笔触颜色为白色、笔触大小为30，按住Shift键在舞台中绘制直线段，如图9-58所示。

步骤 03 使用相同的方法继续绘制直线段，如图9-59所示。

图 9-57　　　　　　　　　　图 9-58　　　　　　　　　　图 9-59

步骤 04 选中新绘制的直线段，按Ctrl+C组合键复制，按Ctrl+Shift+V组合键原位粘贴，右击，在弹出的快捷菜单中执行"变形"|"垂直翻转"命令，翻转直线段并调整至合适位置，如图9-60所示。

步骤 05 选中两个短的直线段，使用相同的方法复制并水平翻转，移动至合适位置，如图9-61所示。

步骤 06 选中所有线段，按Ctrl+C组合键复制，按Ctrl+Shift+V组合键原位粘贴，使用任意变形工具将其旋转，如图9-62所示。

图 9-60　　　　　　　　　　图 9-61　　　　　　　　　　图 9-62

步骤 07 使用相同的方法,再次复制并旋转,如图9-63所示。

步骤 08 选中所有线条,执行"修改"|"形状"|"将线条转换为填充"命令,将线条转换为填充,如图9-64所示。

图 9-63　　　　　　　　　　　　　　　图 9-64

步骤 09 选中转换后的填充对象,执行"修改"|"形状"|"柔化填充边缘"命令,在弹出的"柔化填充边缘"对话框中设置边缘柔化效果,如图9-65所示。

步骤 10 完成后单击"确定"按钮,效果如图9-66所示。

图 9-65　　　　　　　　　　　　　　　图 9-66

至此完成雪花造型的绘制。

⚛ 综合实战：绘制电视机网页图标

📎 **案例素材**：本书实例/第9章/案例实战/绘制电视机网页图标

本案例将以电视机网页图标的绘制为例,对网页图形的绘制及编辑进行介绍。具体操作步骤如下。

步骤 01 新建一个600px×600px大小的空白文档。使用"基本矩形工具" 绘制一个填充为"#FFCC33"、笔触为黑色、笔触大小为6、矩形边角半径为50的基本矩形,如图9-67所示。

步骤 02 选中绘制的矩形,按Ctrl+C组合键复制,按Ctrl+Shift+V组合键原位粘贴,使用任意变形工具调整至合适大小,在"属性"面板中设置其填充为"#336600",效果如图9-68所示。

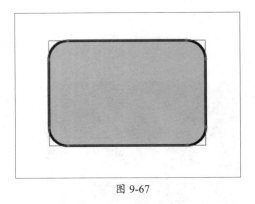
图 9-67

图 9-68

步骤 03 按住Shift键使用"基本椭圆工具"◉绘制填充为"#FF3300"、笔触大小为3的正圆，如图9-69所示。

步骤 04 选中绘制的正圆，按住Alt键向下拖曳复制，效果如图9-70所示。选中所有对象按Ctrl+G组合键编组。

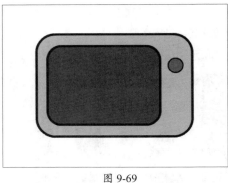
图 9-69

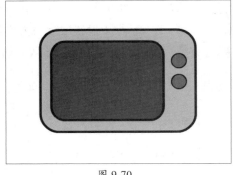
图 9-70

步骤 05 继续使用"基本椭圆工具"绘制椭圆，在"属性"面板中设置笔触大小为6，如图9-71所示。

步骤 06 选中新绘制的椭圆，按住Alt键向右拖曳复制，如图9-72所示。

图 9-71

图 9-72

步骤 07 选中两个椭圆，按Ctrl+G组合键编组。执行"修改"|"排列"|"移至底层"命令调整椭圆顺序，效果如图9-73所示。

步骤 08 继续使用"基本椭圆工具"绘制椭圆，并调整顺序，效果如图9-74所示。

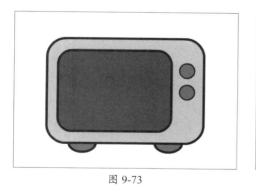

图 9-73   图 9-74

步骤 09 选中所有对象，执行"修改"|"对齐"|"水平居中"命令调整对齐，如图9-75所示。

步骤 10 使用线条工具绘制直线段，使用宽度工具调整底端宽度，效果如图9-76所示。

图 9-75   图 9-76

步骤 11 使用"基本椭圆工具"绘制椭圆，在"属性"面板中设置其笔触大小为3，效果如图9-77所示。

步骤 12 选中调整后的线条和新绘制的椭圆，按Ctrl+C组合键复制，按Ctrl+Shift+V组合键原位粘贴，右击，在弹出的快捷菜单中执行"变形"|"水平翻转"命令，翻转选中对象，并调整至合适位置，如图9-78所示。

图 9-77   图 9-78

至此，完成电视机网页图标的绘制。

新手答疑

1. Q: 怎么更改文档的单位？

A: 单击"属性"面板的"文档设置"选项卡中的"更多设置"按钮，打开"文档设置"对话框，设置单位即可。

2. Q: 怎么编辑网格？

A: 执行"视图"|"网格"|"编辑网格"命令，或按Ctrl+Alt+G组合键，打开"网格"对话框，对网格的颜色、间距和贴紧精确度等选项进行设置，以满足不同用户的需求。

3. Q: 线条创建后，还可以更改样式吗？

A: 可以。选中线条后，在"属性"面板中可对线条的样式、粗细程度、颜色等进行设置。

4. Q: 使用"钢笔工具"时怎么结束线条的绘制？

A: 双击最后一个绘制的锚点，可以结束开放曲线的绘制，也可以按住Ctrl键单击舞台中的任意位置结束绘制；要结束闭合曲线的绘制，可以移动光标至起始锚点位置上，当光标变为 状时在该位置单击即可。

5. Q: 怎么转换锚点类型？

A: 若要将转角点转换为曲线点，可以使用"部分选取工具" 选择该点，然后按住Alt键拖动该点来调整切线手柄；若要将曲线点转换为转角点，使用"钢笔工具" 单击该点。

6. Q: 怎么编辑组中的单个对象？

A: 若需要对组中的单个对象进行编辑，可以通过执行"修改"|"取消组合"命令或按Ctrl+Shift+G组合键，将组进行解组；也可以选中对象，双击进入该组的编辑状态进行编辑。

7. Q: 怎么调整对象排列顺序？

A: 在同一图层中，对象按照创建的先后顺序分别位于不同的层次，用户可以执行"修改"|"排列"命令，在弹出的菜单中执行子命令调整选中对象的顺序，使画面效果更加美观。要注意的是，绘制的线条和形状默认在组合元件下方，只有组合它们或将其变为元件才可以移动至上方。

8. Q: 组合后的对象可以再次组合吗？

A: 组合后的图形可以与其他图形或组再次组合，从而得到一个复杂的多层组合图形；同时一个组合中可以包含多个组合及多层次的组合。

Dreamweaver
HTML Flash
Photoshop

第**10**章
网页动画的
制作

本章将对网页动画的制作进行介绍。通过本章内容的学习，用户可以了解时间轴、图层和帧的基础操作；掌握不同类型元件的创建与编辑、实例的转换、库的编辑操作；学会不同类型动画的制作。

要点难点

- 时间轴的组成
- 图层的基本操作
- 元件的创建与编辑
- 元件与实例的区别
- 库的应用

10.1) 时间轴与图层

时间轴与图层是动画制作必不可少的组成部分，时间轴控制动画的时间，图层控制动画的空间，两者结合使得设计师可以精确控制动画，制作出丰富的动画效果。

10.1.1 认识时间轴

时间轴可以组织和控制一定时间内的图层和帧中的文档内容，是创建Animate动画的核心组成部分。启动Animate软件后，执行"窗口"|"时间轴"命令，或按Ctrl+Alt+T组合键打开"时间轴"面板，如图10-1所示。

图 10-1

"时间轴"面板中部分常用组成部分的作用如下。

- **图层**：在不同的图层中放置对象，可以制作层次丰富、变化多样的动画效果。
- **播放头**：用于指示当前在舞台中显示的帧。
- **帧**：是Animate动画的基本单位，代表不同的时刻。
- **帧速率**：用于显示当前动画每秒钟播放的帧数。
- **仅查看现用图层** ▒：用于切换多图层视图和单图层视图，单击进行切换。
- **添加/删除摄像头** ▣：用于添加或删除摄像头。
- **显示/隐藏父级视图** ▒：用于显示或隐藏图层的父子层次结构。
- **插入关键帧** ▣：单击该按钮将插入关键帧。
- **插入空白关键帧** ▣：单击该按钮将插入空白关键帧。
- **插入帧** ▣：单击该按钮将插入普通帧。
- **绘图纸外观** ▒：用于启用和禁用绘图纸外观。启用后，在"起始绘图纸外观"和"结束绘图纸外观"标记（在时间轴标题中）之间的所有帧都会被重叠为"文档"窗口中的帧。长按"绘图纸外观"按钮 ▒，在弹出的快捷菜单中执行命令可以设置绘图纸外观的效果。
- **插入传统补间** ▣：在时间轴中选择帧，然后单击该按钮将创建传统补间动画。
- **插入补间动画** ▣：在时间轴中选择帧，然后单击该按钮将创建补间动画。
- **插入形状补间** ▣：在时间轴中选择帧，然后单击该按钮将创建形状补间动画。

10.1.2 图层的基本操作

图层类似于堆叠在一起的玻璃片，每个图层上具有不同的内容，透过上层图层没有内容的区域可以看到下层图层相同位置的内容。本节将对图层的相关操作进行说明。

1. 创建图层

新建Animate文档后，默认只有"图层1"。

单击"时间轴"面板中的"新建图层"按钮⊞，在当前图层上方添加新的图层。用户也可以执行"插入"|"时间轴"|"图层"命令创建新图层。默认情况下，新创建的图层将按照"图层1""图层2""图层3"的顺序命名，如图10-2所示。

图 10-2

✅ **知识点拨** 选中"时间轴"面板中的图层右击，在弹出的快捷菜单中执行"插入图层"命令，将在选中图层上方新建图层。

2. 选择图层

选中图层后才可对其进行编辑。下面对单个图层和多个图层的选择方式进行介绍。

（1）选择单个图层

选择单个图层有以下三种方法。

- 在"时间轴"面板中单击图层名称，将其选择。
- 选择"时间轴"面板中的帧，选择该帧所对应的图层。
- 在舞台上单击选中要选择图层中所含的对象，选择该图层。

（2）选择多个图层

按住Shift键在要选中的第一个图层和最后一个图层上单击，选中这两个图层之间的所有图层，如图10-3所示；按住Ctrl键单击要选中的图层可以选择多个不相邻的图层，如图10-4所示。

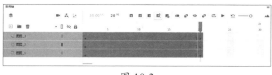

图 10-3　　　　　　　　　　　　　　　　图 10-4

3. 重命名图层

重命名图层可以使图层更具辨识度，方便管理。双击"时间轴"面板中的图层名称进入编辑状态，如图10-5所示。在文本框中输入新名称，按Enter键或在空白处单击确认即可，如图10-6所示。

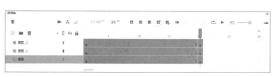

图 10-5　　　　　　　　　　　　　　　　图 10-6

✅ **知识点拨** 选中图层后右击，在弹出的快捷菜单中执行"属性"命令，打开"图层属性"对话框，在该对话框中同样可以修改图层名称。

4. 删除图层

对于不需要的图层，可以选择将其删除。Animate中常用的删除图层的方式有以下3种。

● 选中图层后右击，在弹出的快捷菜单中执行"删除图层"命令将其删除。

● 选中图层后单击"时间轴"面板中的"删除"按钮 🗑 将其删除。

● 将要删除的素材拖曳至"删除"按钮 🗑 上将其删除。

5. 设置图层属性

图层相互独立，用户可以修改一个图层的属性而不影响其他图层。选中图层后右击，在弹出的快捷菜单中执行"属性"命令，打开"图层属性"对话框，如图10-7所示。

"图层属性"对话框中部分选项作用如下。

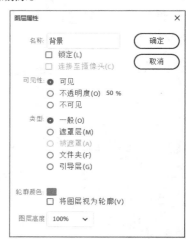

● **名称：**用于设置图层的名称。

● **锁定：**勾选该复选框将锁定图层；若取消勾选该复选框，则可以解锁图层。

● **可见性：**用于设置图层是否可见。

● **类型：**用于设置图层类型，默认为"一般"。

● **轮廓颜色：**用于设置图层轮廓颜色。

图 10-7

● **将图层视为轮廓：**勾选该复选框后图层中的对象将以线框模式显示。

● **图层高度：**用于设置图层的高度。

> **❗注意事项** 用户也可以直接单击"时间轴"面板图层名称右侧的 👁 按钮隐藏/显示图层；单击 🔒 按钮锁定/解锁图层。

6. 调整图层顺序

图层顺序影响舞台中对象的显示。用户可以根据需要调整图层顺序，以满足制作需要。选择需要移动的图层，按住鼠标左键拖动至合适位置后释放鼠标左键，将图层拖动到新的位置，如图10-8和图10-9所示。

图 10-8

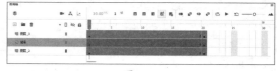

图 10-9

10.1.3 帧的基本操作

帧是动画制作的基础，是影像动画中的最小单位。在Animate软件中，一帧就是一幅静止的画面，连续的帧形成了动画。本节将对帧的相关操作进行讲解。

1. 认识帧

Animate制作动画离不开帧。下面对帧的类型、显示状态等进行说明。

（1）帧的类型

Animate软件中的帧主要分为普通帧、关键帧和空白关键帧3种类型，如图10-10所示。

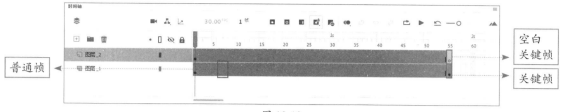

图 10-10

这3种帧的作用分别如下。

● **关键帧**：关键帧是指在动画播放过程中，呈现关键性动作或内容变化的帧。关键帧定义动画的变化环节。在时间轴中，关键帧以一个实心的小黑点表示。

● **普通帧**：普通帧一般处于关键帧后方，其作用是延长关键帧中动画的播放时间，关键帧后的普通帧越多，该关键帧的播放时间越长。普通帧以灰色方格表示。

● **空白关键帧**：这类关键帧在时间轴中以一个空心圆表示，该关键帧中没有任何内容。若在其中添加内容，将转变为关键帧。

（2）设置帧速率

帧速率是1秒内播放的帧数。太低的帧速率会使动画卡顿，太高的帧速率会使动画的细节变得模糊。默认情况下，Animate文档的帧速率是30帧/s。设置帧速率的方法主要有以下3种。

● 新建文档时在"新建文档"对话框中设置。

● 在"文档设置"对话框中的"帧频"文本框中进行设置。

● 在"属性"面板中的FPS文本框中输入。

2. 插入帧

制作动画时，用户可以根据需要插入不同类型的帧。下面对普通帧、关键帧以及空白关键帧的插入方式进行说明。

● **插入普通帧**：移动光标至需要插入帧的位置，执行"插入"|"时间轴"|"帧"命令或按F5键。

● **插入关键帧**：移动光标至需要插入帧的位置，执行"插入"|"时间轴"|"关键帧"命令或按F6键。

● **插入空白关键帧**：移动光标至需要插入帧的位置，执行"插入"|"时间轴"|"空白关键帧"命令或按F7键。

3. 移动帧

移动帧可以重新调整时间轴上帧的顺序。选中要移动的帧，按住鼠标左键拖曳至目标位置即可，如图10-11和图10-12所示。

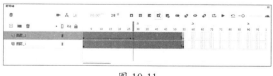

图 10-11

图 10-12

4. 复制和粘贴帧

复制和粘贴帧可以得到内容完全相同的帧，常用的复制和粘贴帧的方式有以下两种。

- 选中要复制的帧，按住Alt键拖曳至目标位置。
- 选中要复制的帧右击，在弹出的快捷菜单中执行"复制帧"命令，移动光标至目标位置右击，在弹出的快捷菜单中执行"粘贴帧"命令。

5. 删除和清除帧

删除和清除帧都可用于处理文档中不需要的帧。区别在于删除帧可以将帧删除；而清除帧只清除帧中的内容，将选中的帧转换为空白帧，不删除帧。

- **删除帧：** 选中要删除的帧右击，在弹出的快捷菜单中执行"删除帧"命令或按Shift+F5组合键将帧删除。
- **清除帧：** 选中要清除的帧右击，在弹出的快捷菜单中执行"清除帧"命令清除帧中的内容。

> **❶注意事项** 选中关键帧后右击，在弹出的快捷菜单中执行"清除关键帧"命令，或按Shift+F6组合键可将选中的关键帧转换为普通帧。

6. 转换帧

在Animate中用户可以根据需要将帧转换为关键帧或空白关键帧。转换方式如下。

- **转换为关键帧：** 选中要转换为关键帧的帧右击，在弹出的快捷菜单中执行"转换为关键帧"命令，或按F6键将选中帧转换为关键帧。
- **转换为空白关键帧：** 选中需要转换为空白关键帧的帧右击，在弹出的快捷菜单中执行"转换为空白关键帧"命令，或按F7键将选中帧转换为空白关键帧。该操作将删除此帧之后的帧中的内容。

 动手练 网页标题文字跳动动画

📗 **案例素材：** 本书实例/第10章/动手练/网页标题文字跳动动画

本练习将以网页标题文字跳动动画为例，介绍帧的编辑操作。具体操作步骤如下。

步骤01 新建一个640px×320px大小的空白文档，在"属性"面板中设置舞台颜色为"#FF9966"，如图10-13所示。

步骤02 使用"文字工具" **T** 在舞台中单击输入文字，选中输入的文字，在"属性"面板中设置文字属性，效果如图10-14所示。

图 10-13

图 10-14

步骤03 选中输入的文字，按Ctrl+B组合键将其分离，如图10-15所示。

步骤 04 选中"时间轴"面板中的第2帧，按F6键插入关键帧，选中第1个字母A，按Shift+↑组合键向上移动其位置，效果如图10-16所示。

图 10-15

图 10-16

步骤 05 选中"时间轴"面板中的第3帧，按F6键插入关键帧，选中第1个字母A和第2个字母N，按Shift+↑组合键向上移动其位置，效果如图10-17所示。

步骤 06 选中"时间轴"面板中的第4帧，按F6键插入关键帧，选中第1个字母A，按Shift+↓组合键向下移动其位置，选中第2个字母N和第3个字母I，按Shift+↑组合键向上移动其位置，效果如图10-18所示。

图 10-17

图 10-18

步骤 07 选中"时间轴"面板中的第5帧，按F6键插入关键帧，选中第1个字母A和第2个字母N，按Shift+↓组合键向下移动其位置。选中第3个字母I和第4个字母M，按Shift+↑组合键向上移动其位置，效果如图10-19所示。

步骤 08 选中"时间轴"面板中的第6帧，按F6键插入关键帧，选中第2个字母N和第3个字母I，按Shift+↓组合键向下移动其位置。选中第4个字母M和第5个字母A，按Shift+↑组合键向上移动其位置，效果如图10-20所示。

图 10-19

图 10-20

步骤 09 选中"时间轴"面板中的第7帧，按F6键插入关键帧，选中第3个字母I和第4个字母M，按Shift+↓组合键向下移动其位置，选中第5个字母A和第6个字母T，按Shift+↑组合键向上移动其位置，效果如图10-21所示。

步骤 10 选中"时间轴"面板中的第8帧，按F6键插入关键帧，选中第4个字母M和第5个字母A，按Shift+↓组合键向下移动其位置。选中第6个字母T和第7个字母E，按Shift+↑组合键向上移动其位置，效果如图10-22所示。

图 10-21

图 10-22

步骤 11 选中"时间轴"面板中的第9帧，按F6键插入关键帧，选中第5个字母A和第6个字母T，按Shift+↓组合键向下移动其位置。选中第7个字母E，按Shift+↑组合键向上移动其位置，效果如图10-23所示。

步骤 12 选中"时间轴"面板中的第10帧，按F6键插入关键帧，选中第6个字母T和第7个字母E，按Shift+↓组合键向下移动其位置，效果如图10-24所示。

图 10-23

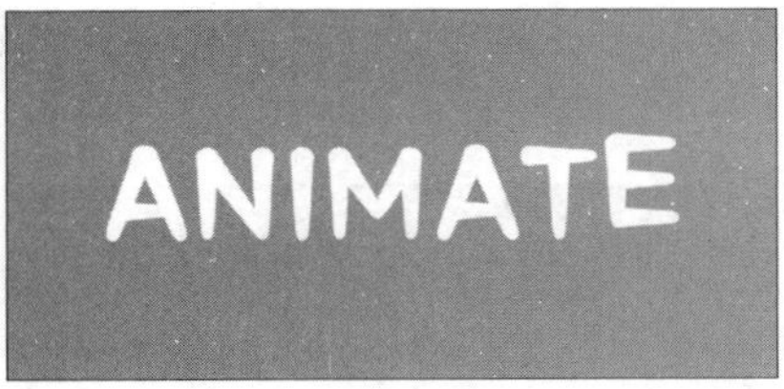

图 10-24

步骤 13 选中"时间轴"面板中的第11帧，按F6键插入关键帧，选中第7个字母E，按Shift+↓组合键向下移动其位置，效果如图10-25所示。

步骤 14 按Ctrl+Enter组合键测试，效果如图10-26所示。

图 10-25

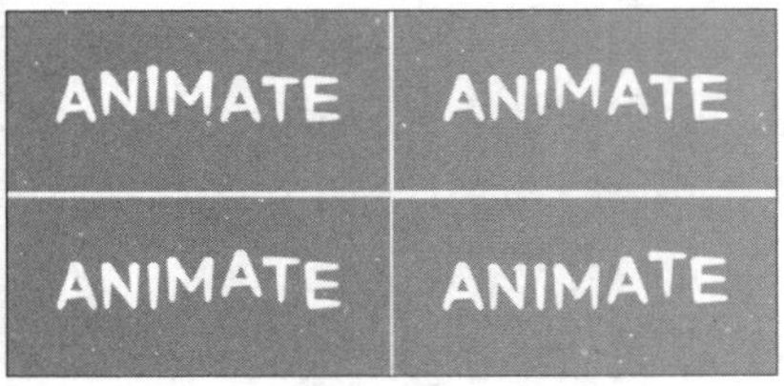

图 10-26

至此完成网页标题文字跳动效果的制作。

10.2 元件

元件是动画制作的核心概念，在文档中可以重复多次利用，大大提高动画制作效率。本节对元件进行介绍。

10.2.1 元件的类型

元件可以分为图像、影片剪辑和按钮三种类型，如图10-27所示。这三种元件具有各自的特点和功能。

1. 图形元件

"图形"元件用于制作动画中的静态图形，是制作动画的基本元素之一，它也可以是"影片剪辑"元件或场景的一个组成部分，但是没有交互性，不能添加声音，也不能为"图形"元件的实例添加脚本动作。"图形"元件应用到场景中时，会受到帧序列和交互设置的影响，图形元件与主时间轴同步运行。

图 10-27

2. 影片剪辑元件

使用"影片剪辑"元件可以创建可重复使用的动画片段，该种类型的元件拥有独立的时间轴，能独立于主动画进行播放。影片剪辑是主动画的一个组成部分，可以将影片剪辑看作是主时间轴内的嵌套时间轴，包含交互式控件、声音以及其他影片剪辑实例。

3. 按钮元件

"按钮"元件是一种特殊的元件，具有一定的交互性，主要用于创建动画的交互控制按钮。"按钮"元件具有"弹起""指针经过""按下""点击"4个不同状态的帧，如图10-28所示。

图 10-28

用户可以在按钮的不同状态帧上创建不同的内容，既可以是静止图形，也可以是影片剪辑，还可以给按钮添加时间的交互动作，使按钮具有交互功能。

10.2.2 创建元件

创建元件一般采用以下两种方式。

1. 转换为元件

选中舞台中的对象，执行"修改"|"转换为元件"命令或按F8键，打开"转换为元件"对话框，如图10-29所示。在该对话框中设置参数后单击"确定"按钮，将选中对象转换为设置的元件。

2. 新建空白元件

执行"插入"|"新建元件"命令或按Ctrl+F8组合键，打开"创建新元件"对话框，在该对话框中设置参数，如图10-30所示。完成后单击"确定"按钮，进入元件编辑模式添加对象即可。

图 10-29

图 10-30

"创建新元件"对话框中部分常用选项作用如下。

● **名称：** 用于设置元件的名称。

● **类型：** 用于设置元件的类型。

● **文件夹：** 用于设置元件放置的位置。

● **高级：** 单击该链接，可将该面板展开，对元件进行更进一步的设置。

10.2.3 编辑元件

用户可以在当前位置、新窗口或元件的编辑模式下对元件进行编辑。

1. 在当前位置编辑元件

在当前位置编辑元件的方法包括以下三种。

● 在舞台上双击要进入编辑状态元件的一个实例。

● 在舞台上选择元件的一个实例，右击，在弹出的快捷菜单中执行"在当前位置编辑"命令。

● 在舞台上选择要进入编辑状态元件的一个实例，执行"编辑"|"在当前位置编辑"命令。

在当前位置编辑元件时，其他对象以灰显方式出现，从而将它们和正在编辑的元件区别开来。正在编辑的元件的名称显示在舞台顶部的编辑栏内，位于当前场景名称的右侧，如图10-31和图10-32所示。

图 10-31

图 10-32

2. 在新窗口中编辑元件

若舞台中对象较多颜色比较复杂，用户可以选择在新窗口中编辑元件。选择在舞台中要进行编辑的元件并右击，在弹出的快捷菜单中执行"在新窗口中编辑"命令，打开新窗口编辑元件，如图10-33所示。

> **❶注意事项** 直接单击标题栏的关闭框关闭新窗口，将退出"在新窗口中编辑元件"模式并返回文档编辑模式。

3. 在元件的编辑模式下编辑元件

在元件的编辑模式下编辑元件的方法包括以下4种。

● 在"库"面板中双击要编辑元件名称左侧的图标。

● 按Ctrl+E组合键。

● 选择需要进入编辑模式的元件所对应的实例并右击，在弹出的快捷菜单中执行"编辑元件"命令。

● 选择需要进入编辑模式的元件所对应的实例，执行"编辑"|"编辑元件"命令。

使用该编辑模式，可将窗口从舞台视图更改为只显示该元件的单独视图来编辑，如图10-34所示。

图 10-33

图 10-34

10.2.4 实例的创建与编辑

实例就是在舞台中使用的元件，是元件的具体应用。本节将对实例的创建与编辑进行介绍。

1. 创建实例

选择"库"面板中的元件，按住鼠标左键拖曳至舞台中创建实例，如图10-35和图10-36所示。

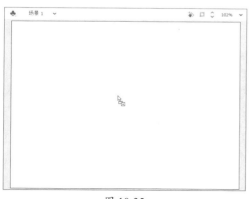

图 10-35

图 10-36

✅**知识点拨** 多帧的影片剪辑元件创建实例时，在舞台中设置一个关键帧即可；多帧的图形元件则需要设置与该元件完全相同的帧数，动画才能完整地播放。

2. 复制实例

制作动画时，可以复制舞台中设置好的实例，以节省操作时间。选择要复制的实例，按住Alt键拖动实例至目标位置时，释放鼠标左键复制选中的实例对象。

3. 设置实例色彩

选中实例后，在"属性"面板中的"色彩效果"选项区域中的"颜色样式"下拉列表中选择相应的选项，可以设置实例的Alpha值、色调、亮度等，如图10-37所示。

"颜色样式"下拉列表中5个选项作用分别如下。

- **无**：选择该选项，不设置颜色效果。
- **亮度**：用于设置实例的明暗对比度，调节范围为-100%～100%。
- **色调**：用于设置实例的颜色。
- **高级**：用于设置实例的红、绿、蓝和透明度的值。
- **Alpha**：用于设置实例的透明度，调节范围为0%～100%。

图 10-37

4. 转换实例类型

转换实例类型可以重新定义它在Animate中的行为。选中舞台中的实例对象，在"属性"面板中单击"实例行为"下拉按钮，在下拉列表中选择实例类型进行转换，如图10-38所示。改变实例的类型后，"属性"面板中的参数也将发生相应的变化。

> ✅**知识点拨** 当一个图形实例包含独立于主时间轴播放的动画时，可以将该图形实例重新定义为影片剪辑实例，以使其可以独立主时间轴进行播放。

图 10-38

5. 分离实例

分离实例可以断开实例与元件之间的链接，并将实例放入未组合形状和线条的集合中。选中要分离的实例，执行"修改"|"分离"命令，或按Ctrl+B组合键将实例分离，分离实例前后对比效果如图10-39和图10-40所示。

图 10-39

图 10-40

> ⚠️**注意事项** 分离实例仅分离该实例自身，而不影响其他元件。

动手练 页面文字出现动画

📎 **案例素材**：本书实例/第10章/动手练/页面文字出现动画

本练习将以页面文字出现动画为例，介绍实例的创建与编辑。具体操作如下。

步骤 01 新建一个960px×480px的空白文档，导入本章素材文件，如图10-41所示。修改"图层_1"名称为"背景"，并锁定"背景"图层。

步骤 02 新建图层，在舞台中合适位置单击输入文字，在"属性"面板中设置文字属性，如图10-42所示。

图 10-41   图 10-42

步骤 03 选中输入的文字，按Ctrl+B组合键分离，如图10-43所示。

步骤 04 选中第一个文字，按F8键打开"转换为元件"对话框，将其转换为图形元件，如图10-44所示。

图 10-43   图 10-44

步骤 05 使用相同的方法将其他文字转换为图形元件，如图10-45所示。

步骤 06 选中舞台中的所有图形元件，右击，在弹出的快捷菜单中执行"分散到图层"命令，将其分散到图层，如图10-46所示。

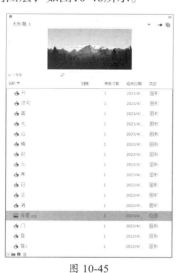

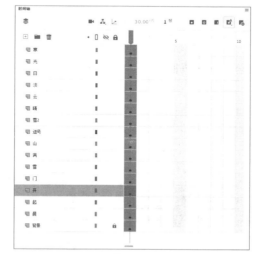

图 10-45   图 10-46

步骤 07 在所有图层的第100帧按F5键插入普通帧，在除"背景"图层之外的所有图层的第30帧按F6键插入关键帧，如图10-47所示。

步骤 08 移动播放头至第1帧处，选中舞台中的所有对象，在"属性"面板中设置"色彩效果"为Alpha，并设置数值为0%，舞台中效果如图10-48所示。

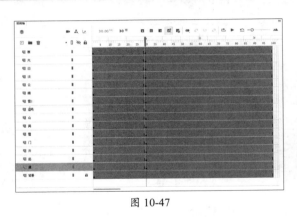

图 10-47

图 10-48

步骤09 按住鼠标左键拖曳选中除"背景"图层之外图层的1～30帧的任意帧，单击"时间轴"面板中的"插入传统补间"按钮 创建传统补间动画，如图10-49所示。

步骤10 选中并调整文字图层1～30帧的位置，如图10-50所示。

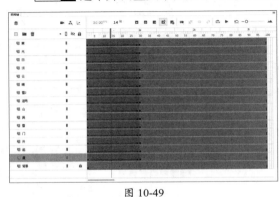

图 10-49

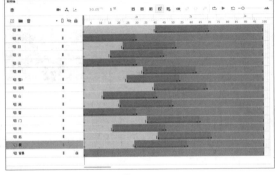

图 10-50

！注意事项 随意错开播放即可。

步骤11 至此完成页面文字出现动画的制作。按Ctrl+Enter组合键测试预览效果，如图10-51所示。

图 10-51

10.3 库

库在动画制作中承担着重要的作用，使用到的各类资源都存放在库中。本节将对库的相关操作进行介绍。

10.3.1 认识"库"面板

"库"面板可以存储和组织创建的各种元件和导入的素材资源。执行"窗口"|"库"命令或按Ctrl+L组合键，打开"库"面板，如图10-52所示。"库"面板中将记录每一个库项目的基本信息，如名称、使用次数、修改日期、类型等。

图 10-52

"库"面板中各组成部分的作用如下。

- **预览窗口**：用于显示所选对象的内容。
- **菜单☰**：单击该按钮，弹出"库"面板中的快捷菜单。
- **新建"库"面板▣**：单击该按钮，将新建一个"库"面板。
- **新建元件⊞**：单击该按钮，将打开"创建新元件"对话框新建元件。
- **新建文件夹▣**：用于新建文件夹。
- **属性ⓘ**：用于打开相应的"元件属性"对话框进行设置。
- **删除▥**：用于删除库项目。

10.3.2 重命名库项目

重命名库项目可以方便用户更好地区分管理。常用的重命名方式包括以下三种。

- 双击项目名称进入可编辑状态修改。
- 单击"库"面板右上角的菜单按钮☰，在弹出的快捷菜单中执行"重命名"命令，使项目名称进入可编辑状态修改。
- 选择项目后右击，在弹出的快捷菜单中执行"重命名"命令，使项目名称进入可编辑状态修改。

使用以上任意一种方法进入编辑状态后，在文本框中输入新名称，按Enter键或在其他空白区单击，即可完成项目的重命名操作。

10.3.3 创建文件夹

当库项目较多时，可以利用库文件夹对其进行分类整理，使"库"面板中的内容更加整洁。单击"库"面板中的"新建文件夹"按钮 📁 ，在"库"面板中新建一个文件夹，如图10-53所示。选择库项目，按住鼠标左键拖曳至库文件夹中，将该项目移动至文件夹中，展开库文件夹可以看到这些库项目。

✅知识点拨 "库"面板中可以同时包含多个库文件夹，但不能使用相同的名称。

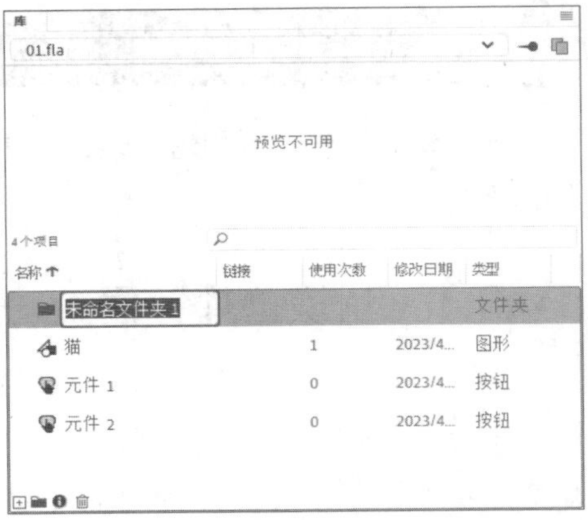

图 10-53

10.4 动画的制作

根据制作方式和呈现效果的不同，可以将动画分为逐帧动画、补间动画、引导动画等类型。下面对常见动画类型的制作进行介绍。

10.4.1 逐帧动画

逐帧动画是一种常见的动画形式，其原理是通过在时间轴的每帧上逐帧绘制不同的内容，当快速播放时，由于人的眼睛产生视觉暂留，就会感觉画面动了起来。常用的制作逐帧动画的方式有以下4种。

- **绘图工具绘制：** 在Animate软件中使用绘图工具逐帧绘制场景中的内容创建逐帧动画。
- **文字逐帧动画：** 使用文字作为帧中的元件，实现文字跳跃、旋转等特效。
- **导入序列图像：** 在不同帧导入JPEG、PNG等格式的图像或直接将GIF格式的动画导入舞台生成动画。
- **指令控制：** 在"时间轴"面板中逐帧写入动作脚本语句生成元件的变化。

10.4.2 补间动画

补间动画是一种使用元件创建的动画，可以实现大部分动画效果。Animate中包括传统补间动画、补间动画和形状补间动画三种类型的补间动画。

1. 传统补间动画

传统补间动画是指在一个关键帧中定义一个元件的实例、组合对象或文字块的大小、颜色、位置、透明度等属性，然后在另一个关键帧中改变这些属性，Animate根据二者之间的帧的值创建的动画。

选中两个关键帧之间的任意一帧右击，在弹出的快捷菜单中执行"创建传统补间"命令，或单击"时间轴"面板中的"插入传统补间"按钮 ⬚ ，创建传统补间动画，此时两个关键帧之间变为淡紫色，在起始帧和结束帧之间有一个长箭头，如图10-54所示。

图 10-54

> **⚠️注意事项** 若前后两个关键帧中的对象不是"元件"时，Animate会打开"将所选的内容转换为元件以进行补间"对话框将帧内容转换为元件。

选中传统补间动画之间的帧，在"属性"面板中的"补间"选项区域中可以设置补间属性，如图10-55所示。

部分常用选项作用如下。

图 10-55

- **缓动强度**：用于设置变形运动的加速或减速。0表示变形为匀速运动，负数表示变形为加速运动，正数表示变形为减速运动。
- **效果**：用于选择预设的缓动效果应用。
- **旋转**：用于设置对象渐变过程中是否旋转以及旋转的方向和次数。
- **贴紧**：勾选该复选框，能够使动画自动吸附到路径上移动。
- **同步元件**：勾选该复选框，使图形元件的实例动画和主时间轴同步。
- **调整到路径**：用于引导层动画，勾选该复选框，可以使对象紧贴路径移动。
- **缩放**：勾选该复选框，可以改变对象的大小。

2. 补间动画

补间动画可以通过为第一帧和最后一帧之间的某个对象属性指定不同的值来创建动画运动，常用于制作由于对象的连续运动或变形构成的动画。与传统补间和形状补间相比，补间动画会自动构建运动路径。Animate中创建补间动画的方式有以下三种。

- 选择舞台中要创建补间动画的实例或图形，在时间轴中右击任意帧，在弹出的快捷菜单中执行"创建补间动画"命令。
- 选择舞台中要创建补间动画的实例或图形，执行"插入"|"创建补间动画"命令。
- 选择舞台中要创建补间动画的实例或图形右击，在弹出的快捷菜单中执行"创建补间动画"命令。

创建补间动画后选择补间中的任一帧，在该帧上移动动画元件或设置对象其他属性，Animate会自动构建运动路径，以便为第一帧和下一个关键帧之间的各帧设置动画。图10-56所示为添加补间动画后的"时间轴"面板，其中黑色菱形表示最后一个帧和任何其他属性关键帧。

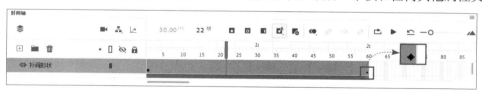

图 10-56

3. 形状补间动画

形状补间动画可以在两个具有不同矢量形状的帧之间创建中间形状，从而实现两个图形之间颜色、大小、形状和位置的相互变化的动画。

在两个关键帧中分别绘制图形，在这两个关键帧之间的帧上右击，在弹出的快捷菜单中执行"创建形状补间"命令，创建形状补间动画，此时两个关键帧之间变为棕色，起始帧和结束帧之间有一个长箭头，如图10-57所示。

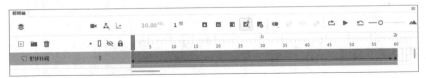

图 10-57

选中形状补间动画之间的帧，在"属性"面板中的"补间"选项区域可以设置补间属性。

10.4.3 引导动画

引导动画属于传统补间动画的一种，该类型动画是通过运动引导层控制对象的移动，制作出一个或多个元件呈现曲线或不规则运动的动画效果。

1. 引导动画原理

引导动画是Animate中的对象沿一个设定的线段做运动，只要固定起始点和结束点，物体就可以沿着线段运动，这条线段就是所谓的引导线。

引导动画中包括引导层和被引导层两种类型的图层。其中引导层是一种特殊的图层，在影片中起辅助作用，引导层不会导出，因此不会显示在发布的SWF文件中。引导层位于被引导层的上方，在引导层中绘制对象的运动路径，固定起始点和结束点，与之相连接的被引导层的物体就可以沿着设定的引导线运动。

> **！注意事项** 引导层是用于指示对象运行路径的，必须是打散的图形。路径不要出现太多交叉点。被引导层中的对象必须依附在引导线上。简单地说，在动画的开始帧和结束帧上，让元件实例的变形中心点吸附到引导线上。

2. 创建引导动画

创建引导层动画必须具备两个条件：路径和在路径上运动的对象。选中要添加引导层的图层右击，在弹出的快捷菜单中执行"添加传统运动引导层"命令，在选中图层的上方添加引导层，如图10-58所示。

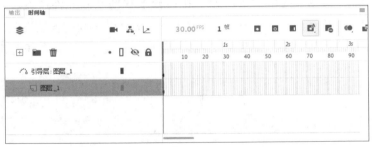

图 10-58

在引导层中绘制路径，并调整被引导层中的对象中心点在引导线起点处，如图10-59所示。在被引导层中新建关键帧，移动对象至引导线末端，如图10-60所示。选中两个关键帧之间任意一帧，单击"时间轴"面板中的"插入传统补间"按钮创建引导动画。

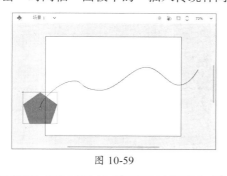
图 10-59

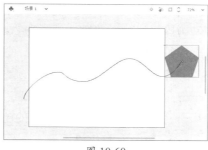
图 10-60

⚠️**注意事项** 引导动画最基本的操作就是使一个运动动画附着在引导线上，所以操作时特别要注意引导线的两端，被引导的对象起始点、终点的两个中心点一定要对准引导线的两个端点。

10.4.4 遮罩动画

遮罩动画是通过遮罩层来显示下方图层中图片或图形的部分区域，从而制作出更加丰富的动画效果。

1. 遮罩动画原理

遮罩动画的制作原理是通过遮罩图层来决定被遮罩层中的显示内容，类似于Photoshop中的蒙版。遮罩效果主要通过遮罩层和被遮罩层两种图层实现，其中遮罩层只有一个，但被遮罩层可以有多个。遮罩层的内容可以是填充的形状、文字对象、图形元件的实例或影片剪辑，但不能是直线，如果一定要用线条，可以将线条转化为"填充"。"遮罩"主要有两种用途。

- 用在整个场景或一个特定区域，使场景外的对象或特定区域外的对象不可见。
- 用于遮罩住某一元件的一部分，从而实现一些特殊的效果。

2. 创建遮罩动画

遮罩层由普通图层转换而来，在要转换为遮罩层的图层上右击，在弹出的快捷菜单中执行"遮罩层"命令，将该图层转换为遮罩层。此时该图层图标就会从普通层图标🗂变为遮罩层图标🗂，系统也会自动将遮罩层下面的一层关联为"被遮罩层"，在缩进的同时图标变为🗂，若需要关联更多层被遮罩，只要把这些层拖至被遮罩层下面，或者将图层属性类型改为"被遮罩"即可。

10.4.5 交互动画

交互动画是指通过按钮元件和动作脚本语言ActionScript使影片在播放时能够接受到某种控制，支持事件响应和交互功能的一种动画。本节将对交互动画进行介绍。

1. 事件与动作

Animate中的交互功能由事件、对象和动作组成。创建交互式动画就是要设置在某种事件下对某个对象执行某个动作。事件是指用户单击按钮或影片剪辑实例、按下快捷键等操作；动作指使播放的动画停止、使停止的动画重新播放等操作。

（1）事件

根据触发方式的不同，可以将事件分为帧事件和用户触发事件两种类型。帧事件是基于时间的，如当动画播放到某一时刻时，事件就会被触发。用户触发事件是基于动作的，包括鼠标事件、键盘事件和影片剪辑事件。常用的一些用户触发事件如下。

- **press**：当光标移到按钮上时，按下鼠标左键发生的动作。
- **release**：在按钮上方按下鼠标左键，然后松开鼠标左键发生的动作。
- **rollOver**：当光标滑入按钮时发生的动作。
- **dragOver**：按住鼠标左键不放，光标滑入按钮时发生的动作。
- **keyPress**：按下指定键时发生的动作。
- **mouseMove**：移动鼠标时发生的动作。
- **load**：当加载影片剪辑元件到场景中时发生的动作。
- **enterFrame**：当加入帧时发生的动作。
- **date**：当数据接收到和数据传输完时发生的动作。

（2）动作

动作是Actionscript脚本语言的灵魂和编程的核心，用于控制动画播放过程中相应的程序流程和播放状态。较为常用的包括以下4种。

- **Stop()**：用于停止当前播放的影片，最常见的运用是使用按钮控制影片剪辑。
- **gotoAndPlay()**：跳转并播放，跳转到指定的场景或帧，并从该帧开始播放；如果没有指定场景，则跳转到当前场景的指定帧。
- **getURL**：用于将指定的URL加载到浏览器窗口，或者将变量数据发送给指定的URL。
- **stopAllSounds**：用于停止当前在Animate Player中播放的所有声音，该语句不影响动画的视觉效果。

（3）"动作"面板

"动作"面板是用于编写动作脚本的面板。执行"窗口"|"动作"命令，或按F9键打开"动作"面板，如图10-61所示。

图 10-61

该面板由脚本导航器和"脚本"窗口两部分组成，其功能分别如下。

- **脚本导航器**：位于"动作"面板的左侧，其中列出了当前选中对象的具体信息，如名称、位置等。单击脚本导航器中的某一项，与该项目相关联的脚本会出现在"脚本"窗口中，并且场景上的播放头也将移到时间轴上的对应位置。

● **"脚本"窗口**：是添加代码的区域。用户可以直接在"脚本"窗口中输入与当前所选帧相关联的ActionScript代码。

2. 常用脚本

Actionscript是Animate的脚本撰写语言，通过它可以制作各种特殊效果。本节将对部分常用脚本进行介绍。

（1）播放动画

执行"窗口"｜"动作"命令，打开"动作"面板，在脚本编辑区中输入相应的代码即可。如果动作附加到某一个按钮上，那么该动作会被自动包含在处理函数on (mouse event)内，其代码如下：

```
on (release) {
play();
}
```

如果动作附加到某一个影片剪辑中，那么该动作会被自动包含在处理函数onClipEvent 内，其代码如下：

```
onClipEvent (load) {
play();
}
```

（2）停止播放动画

停止播放动画脚本的添加与播放动画脚本的添加相类似。如果动作附加到某一按钮上，那么该动作会被自动包含在处理函数on (mouse event)内，其代码如下：

```
on (release) {
    stop();
}
```

如果动作附加到某个影片剪辑中，那么该动作会被自动包含在处理函数onClipEvent内，其代码如下：

```
onClipEvent (load) {
stop();
}
```

（3）跳到某一帧或场景

要跳到影片中的某一特定帧或场景，可以使用goto动作。该动作在"动作"工具栏作为两个动作列出：gotoAndPlay和gotoAndStop。当影片跳到某一帧时，可以选择参数来控制是从新的一帧播放影片（默认设置）还是在当前帧停止。

例如将播放头跳到第20帧，然后从那里继续播放：

```
gotoAndPlay(20);
```

例如将播放头跳到该动作所在的帧之前的第8帧：

```
gotoAndStop(_currentframe+8);
```

单击指定的元件实例后，将播放头移动到时间轴中的下一场景并在此场景中继续回放：

```
button_1.addEventListener(MouseEvent.CLICK, fl_ClickToGoToNextScene);
function fl_ClickToGoToNextScene(event:MouseEvent):void
{
      MovieClip(this.root).nextScene();
}
```

（4）跳到不同的URL地址

若要在浏览器窗口中打开网页，或将数据传递到定义URL处的另一个应用程序，可以使用getURL动作。

如下代码片段表示单击指定的元件实例会在新浏览器窗口中加载URL，即单击后跳转到相应Web页面：

```
button_1.addEventListener(MouseEvent.CLICK, fl_ClickToGoToWebPage);
function fl_ClickToGoToWebPage(event:MouseEvent):void
{
      navigateToURL(new URLRequest("http://www.sina.com"), "_blank");
}
```

对于窗口来讲，可以指定要在其中加载文档的窗口或帧。

- **_self**：用于指定当前窗口中的当前帧。
- **_blank**：用于指定一个新窗口。
- **_parent**：用于指定当前帧的父级。
- **_top**：用于指定当前窗口中的顶级帧。

动手练 网页遮罩动画

📚 **案例素材：** 本书实例/第10章/动手练/网页遮罩动画

本练习将以网页遮罩动画的制作为例，对传统补间动画和遮罩动画进行介绍，具体操作步骤如下。

在学习遮罩动画之前，可以跟随以下步骤了解并熟悉，根据传统补间动画和遮罩层制作望远镜效果。

步骤 01 新建一个640px×480px大小的空白文档，设置舞台颜色为黑色。修改"图层1"名称为"风景"，并导入本章素材文件，如图10-62所示。

图 10-62

步骤 **02** 新建图层"遮罩",按住Shift键使用"椭圆工具"绘制一个正圆,按住Alt键拖曳复制,制作出望远镜镜头效果,如图10-63所示。

图 10-63

步骤 **03** 选中绘制的图形,按F8键将其转换为图形元件,如图10-64所示。

步骤 **04** 在所有图层的第200帧按F5键插入帧。移动播放头至第1帧,将元件移出舞台,如图10-65所示。

图 10-64

图 10-65

步骤 **05** 在第40帧处按F6键插入关键帧,移动元件至舞台中,如图10-66所示。

步骤 **06** 在第50帧按F6键插入关键帧。在第110帧按F6键插入关键帧,移动元件位置,并使用任意变形工具调整元件大小,如图10-67所示。

图 10-66

图 10-67

步骤07 在第120帧按F6键插入关键帧。在第150帧按F6键插入关键帧，移动元件位置，如图10-68所示。

步骤08 在第200帧按F6键插入关键帧，使用任意变形工具放大元件，如图10-69所示。

图 10-68　　　　　　　　　　　　　　图 10-69

步骤09 选中1～40帧、50～110帧、120～150帧、150～200帧的任意帧右击，在弹出的快捷菜单中执行"创建传统补间"命令，创建传统补间动画，如图10-70所示。

步骤10 选中"遮罩"图层右击，在弹出的快捷菜单中执行"遮罩层"命令，将其转换为遮罩层，如图10-71所示。

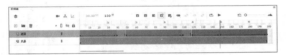

图 10-70　　　　　　　　　　　　　　图 10-71

步骤11 至此完成网页遮罩动画的制作。按Ctrl+Enter组合键测试预览效果，如图10-72所示。

图 10-72

综合实战：制作网页轮播图动画

本案例将以网页轮播图动画的制作为例，对帧的添加、元件的创建、传统补间动画的制作等进行介绍。具体操作步骤如下。

步骤 01 打开本章素材文件，将"库"面板中的"网页01.jpg"拖曳至舞台中合适位置，如图10-73所示。

步骤 02 选中舞台中的图片，按F8键将其转换为"01"图形元件，如图10-74所示。修改"图层_1"名称为"图像"，在第50帧按F5键插入帧。

图 10-73　　　　　　　　　　　图 10-74

步骤 03 在第15帧按F6件插入关键帧，选择第1帧中的对象，在"属性"面板中设置其Alpha值为0。在1~15帧创建传统补间动画，如图10-75所示。

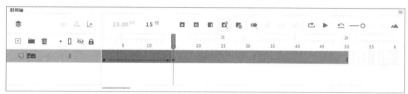

图 10-75

步骤 04 在第51帧按F7键插入空白关键帧，将"库"面板中的"网页02.jpg"拖曳至舞台中合适位置，如图10-76所示。

步骤 05 选择第51帧舞台中的对象，按F8键将其转换为"02"图形元件，如图10-77所示。

图 10-76　　　　　　　　　　　图 10-77

步骤 06 在第65帧处按F6键插入关键帧，在第100帧处按F5键插入帧。选择第51帧舞台中的对象，在"属性"面板中调整其Alpha为0，在51~65帧创建传统补间动画，如图10-78所示。

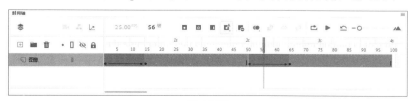

图 10-78

步骤07 在第101帧按F7键插入空白关键帧，将"库"面板中的"网页03.jpg"拖曳至舞台中合适位置，如图10-79所示。

步骤08 选择第101帧舞台中的对象，按F8键将其转换为"03"图形元件，如图10-80所示。

图 10-79　　　　　　　　　　　　　　　　图 10-80

步骤09 在第115帧处按F6键插入关键帧，在第150帧处按F5键插入帧。选择第101帧舞台中的对象，在"属性"面板中调整其Alpha为0，在101～115帧创建传统补间动画，如图10-81所示。

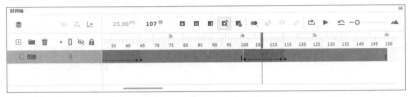

图 10-81

步骤10 在"图像"图层上方新建"按钮"图层。移动播放头至第1帧，按住Shift键使用"椭圆工具"绘制黑色正圆，并将其转换为"按钮"按钮元件，如图10-82所示。

步骤11 按住Alt键拖曳复制按钮元件，重复一次，效果如图10-83所示。

图 10-82　　　　　　　　　　　　　　　　图 10-83

步骤12 选择第1个按钮，在"属性"面板中设置其实例名称为button1，使用相同的方法依次命名后面两个按钮为button2和button3，如图10-84所示。

图 10-84

步骤 13 在"按钮"图层上方新建"动作"图层，在第1帧处右击，在弹出的快捷菜单中执行"动作"命令，打开"动作"面板，输入代码，如图10-85所示。

图 10-85

步骤 14 至此完成网页轮播图动画的制作。按Ctrl+Enter组合键测试效果，网页既可以随时间播放，也可以单击圆形按钮进行切换，如图10-86所示。

图 10-86

QA 新手答疑

1. Q：Animate 适合制作哪类网页动画？

A： Animate适合制作各种类型的网页动画，包括广告横幅、交互式图表、游戏以及教育内容等。

2. Q：在网页设计中，动画应该如何合理使用？

A： 动画应该以增强用户体验为目的，避免过度使用可能会分散用户注意力或影响网页性能的动画。

3. Q：怎么将空白关键帧转换为关键帧？

A： 在空白关键帧中添加内容即可。

4. Q：传统补间动画的原理是什么？

A： 通过关键帧在时间轴中设置不同的关键状态，软件会自动计算并生成中间帧，形成流畅的动画。

5. Q：怎么在不影响元件的情况下更改实例颜色？

A： 选择舞台中的颜色，在"属性"面板"色彩效果"选项区域进行设置即可。

6. Q：怎么更改元件类型？

A： 在"库"面板中选择元件，右击，在弹出的快捷菜单中执行"属性"命令，打开"元件属性"对话框进行设置即可。用户还可以在该对话框中更改元件名称、设置ActionScript链接等。

7. Q：传统补间动画可以转换为逐帧动画吗？

A： 可以。选择传统补间动画任意一帧，右击，在弹出的快捷菜单中执行"转换为逐帧动画"命令，在其子菜单中设置每隔几帧设置为关键帧即可。

8. Q：形状补间动画的变化效果怎么控制？

A： 形状补间动画可以通过形状提示创建对应关系影响变化效果。选中形状补间动画的第1帧后执行"修改"|"形状"|"添加形状提示"命令，在舞台中添加一个形状提示，移动至具有明显特点的边缘处后，在最后一帧移动形状提示至对应位置，此时第1帧中的形状提示变为黄色，最后1帧中的形状提示变为绿色。

9. Q：Animate 支持哪些编程语言？

A： Animate主要支持使用ActionScript 3.0和JavaScript进行编程。

Dreamweaver
HTML Flash
Photoshop

第11章
网页特效的
制作

本章将对网页中的各类特效制作进行介绍。通过本章内容的学习，用户可以了解不同的文本类型；掌握文本的创建与编辑操作、滤镜的添加与设置；学会应用音视频元素并对其进行编辑。

要点难点

- 输入文本的概念
- 文字的创建与编辑
- 滤镜的应用
- 音视频的导入与编辑

11.1 文本的应用

文本是传递信息的"主力干将"，在网页动画中的应用非常广泛。本节将对文本的应用进行介绍。

11.1.1 文本类型

Animate中可以创建静态文本、动态文本和输入文本三种类型的文本，下面对这三种文本类型进行说明。

图 11-1

1. 静态文本

静态文本是大量信息的传播载体，在动画运行期间不可以编辑修改。该类型文本主要用于文字的输入与编排，起到解释说明的作用。选择工具箱中的"文本工具" T 或按T键切换至"文本工具"，在"属性"面板"实例行为"下拉列表中选择"静态文本"选项，如图11-1所示。

Animate中创建静态文本包括文本标签和文本框两种方式。这两种方式的最大区别在于有无自动换行。下面对静态文本的创建进行介绍。

（1）文本标签

选择工具栏中的"文本工具" T 或按T键切换至"文本工具" T，在"属性"面板中设置文本类型为"静态文本"，在舞台上单击，将出现一个右上角显示圆形手柄的文字输入框，在该文字输入框中输入文字，文本框会随着文字的添加自动扩展，而不会自动换行，如图11-2所示。按Enter键可进行换行。

图 11-2

（2）文本框

选择"文本工具" T 后，在舞台区域中单击并拖曳绘制出一个虚线文本框，调整文本框的宽度，释放鼠标左键后将得到一个文本框，此时可以看到文本框的右上角显示方形手柄，这说明文本框已经限定了宽度。当输入的文字超过限制宽度时，Animate将自动换行，如图11-3所示。

通过鼠标拖曳的方式可以随意调整文本框的宽度，如果需要对文本框的尺寸进行精确的调整，可以在"属性"面板中输入文本框的宽度与高度值。

图 11-3

2. 动态文本

动态文本在动画运行的过程中可以通过ActionScript脚本进行编辑修改。动态文本可以显示外部文件的文本，主要应用于数据的更新。制作动态文本区域后，接着创建一个外部文件，并通过脚本语言使外部文件链接到动态文本框中。若需要修改文本框中的内容，则只需更改外部文件中的内容。

在"属性"面板"实例行为"下拉列表中选择"动态文本"选项，切换至"动态文本"输入状态，使用文本工具输入文本即可。

3. 输入文本

输入文本可以实现交互式操作，在生成Animate影片时，浏览者可以在创建的输入文本文本框中输入文本，以达到某种信息交换或收集的目的。在"属性"面板"实例行为"下拉列表中选择"输入文本"选项，切换至"输入文本"输入状态，使用文本工具输入文本即可。

在输入文本类型中，对文本各种属性的设置主要是为浏览者的输入服务的，即当浏览者输入文字时，会按照在"属性"面板中对文字颜色、字体和字号等参数的设置来显示输入的文字。

11.1.2 设置文字属性

"属性"面板是设置文字属性的主要功能区，图11-4所示为"属性"面板"字符"选项区域。该区域中部分常用选项作用如下。

- **字体**：用于设置文本字体。
- **字体样式**：用于设置字体样式，包括不同字重、粗体、斜体等。部分字体可用。
- **大小**：用于设置文本大小。
- **字符间距**：用于设置字符之间的距离，单击后可直接输入数值来改变文字间距，数值越大，间距越大。
- **填充**：用于设置文本颜色。

图 11-4

- **自动调整字距**：用于在特定字符之间加大或缩小距离。勾选"自动调整字距"复选框，将使用字体中的字距微调信息；取消勾选"自动调整字距"复选框，将忽略字体中的字距微调信息，不应用字距调整。
- **呈现**：用于设置不同的字体呈现方法。

11.1.3 设置段落格式

段落格式影响文字显示效果，用户可以在"属性"面板"段落"选项区域设置文本段落的缩进、行距、边距等属性，如图11-5所示。该区域中部分常用选项作用如下。

- **对齐**：用于设置文本的对齐方式，包括"左对齐"、"居中对齐"、"右对齐"和"两端对齐"4种类型，用户可以根据需要选择合适的格式。
- **缩进**：用于设置段落首行缩进的大小。
- **行距**：用于设置段落中相邻行之间的距离。
- **左边距/右边距**：用于设置段落左右边距的大小。
- **行为**：用于设置段落单行、多行或者多行不换行。

图 11-5

11.1.4 创建文本链接

文本链接可以将文本链接至指定的文件或网页，测试影片时单击即可进行跳转。选中文本后，在"属性"面板"选项"区域中的链接文本框中输入链接的地址，如图11-6所示。按Ctrl+Enter组合键测试影片，当光标经过链接的文本时，光标将变成手形，如图11-7所示。单击将打开链接的内容。

图 11-6

图 11-7

 动手练 文字网站文字变形动画

📖 **案例素材：本书实例/第11章/动手练/文字网站文字变形动画**

本练习将以文字变形动画的制作为例，介绍文本的创建与编辑。具体操作步骤如下。

步骤 01 新建一个480px × 480px的空白文档，修改"图层_1"名称为"文字"。使用"文本工具"在舞台中单击输入文字，如图11-8所示。

步骤 02 选中输入的文字，在"属性"面板"字符"选项区域中设置参数，如图11-9所示。

步骤 03 此时舞台中的文字效果如图11-10所示。

图 11-8

图 11-9

图 11-10

步骤 04 在"文字"图层的第50帧按F6键插入关键帧，选中舞台中的文字，在"属性"面板"字符"选项区域修改文字参数，如图11-11所示。

步骤 05 按Ctrl+B组合键分离文字，效果如图11-12所示。

步骤 06 使用多边形工具选中文字部分，按Delete键删除，确保第1帧和第50帧中的文字形状大体对应，如图11-13所示。

图 11-11

图 11-12

图 11-13

步骤07 选中第1帧中的文字，按Ctrl+B组合键分离。选中1～50帧任意一帧，单击"时间轴"面板中的"插入形状补间"按钮 ❐ 插入形状补间动画，如图11-14所示。

步骤08 选中第1帧，按Ctrl+Shift+H组合键添加形状提示，移动至边缘处，如图11-15所示。

步骤09 选中第50帧，移动形状提示位置至第一帧对应处，此时形状提示变为绿色，如图11-16所示。

图 11-14　　　　图 11-15　　　　图 11-16

⚠ 注意事项 形状提示对应成功后，第1帧中的形状提示将变为黄色，第25帧中的形状提示将变为绿色。

步骤10 使用相同的方法，继续添加形状提示，使文字演变更加规范，如图11-17所示。

步骤11 在第80帧按F5键插入普通帧。至此，完成文字变形动画的制作，按Ctrl+Enter键预览效果，如图11-18所示。

图 11-17　　　　图 11-18

11.2 滤镜的应用

滤镜可以创建更具风格化的视觉效果，丰富动画。文字、按钮元件及影片剪辑元件均可添加滤镜效果。下面对滤镜进行介绍。

11.2.1 认识滤镜

软件提供投影、模糊、发光、斜角、渐变发光、渐变斜角和调整颜色7种滤镜，如图11-19所示。为文本元素添加并设置滤镜后的效果如图11-20所示。

图 11-19　　　　图 11-20

7种滤镜的作用分别如下。

- **投影**：用于模拟投影效果，使对象更具立体感。
- **模糊**：用于柔化对象的边缘和细节。
- **发光**：用于为对象的整个边缘应用颜色，使对象的边缘产生光线投射效果。用户可以使对象的内部发光，也可以使对象的外部发光。
- **斜角**：用于使对象看起来凸出于背景表面，制作出立体的浮雕效果。
- **渐变发光**：用于在对象表面产生带渐变颜色的发光效果。渐变发光要求渐变开始处颜色的Alpha值为0，用户可以改变其颜色，但是不能移动其位置。渐变发光和发光的主要区别在于发光的颜色，渐变发光滤镜效果可以添加渐变颜色。
- **渐变斜角**：该滤镜效果与"斜角"滤镜效果相似，可以使编辑对象表面产生一种凸起效果。但是斜角滤镜效果只能够更改其阴影色和加亮色两种颜色，而渐变斜角滤镜效果可以添加渐变色。渐变斜角中间颜色的Alpha值为0，用户可以改变其颜色，但是不能移动其位置。
- **调整颜色**：用于改变对象的颜色属性，包括对象的亮度、对比度、饱和度和色相属性。

11.2.2 编辑滤镜

复制滤镜可以重复利用创建的滤镜效果，自定义滤镜可以将创建的滤镜保存起来，便于后续使用，删除滤镜可以去除不需要的滤镜。下面对软件中编辑滤镜的操作进行介绍。

1. 复制滤镜

复制滤镜可以为不同对象添加相同的滤镜效果。选中已添加滤镜效果的对象，在"属性"面板中选中要复制的滤镜效果，单击"滤镜"区域中的"选项"按钮✿，在弹出的快捷菜单中执行"复制选定的滤镜"命令，复制滤镜参数，在舞台中选中要粘贴滤镜效果的对象，单击"滤镜"区域中的"选项"按钮✿，在弹出的快捷菜单中执行"粘贴滤镜"命令，为选中的对象添加复制的滤镜效果。

2. 删除滤镜

选中添加滤镜的对象，在"属性"面板单击相应滤镜右侧的"删除滤镜"按钮🔳删除该滤镜。

3. 自定义滤镜

Animate支持用户将常用的滤镜效果存为预设，以便制作动画时使用。选中"属性"面板"滤镜"区域中的滤镜效果，单击"滤镜"区域中的"选项"按钮✿，在弹出的快捷菜单中执行"另存为预设"命令，打开"将预设另存为"对话框设置预设名称，如图11-21所示。完成后单击"确定"按钮，将选中的滤镜效果另存为预设，使用时单击"滤镜"区域中的"选项"按钮✿，在弹出的快捷菜单中执行滤镜命令即可，如图11-22所示。

图 11-21

图 11-22

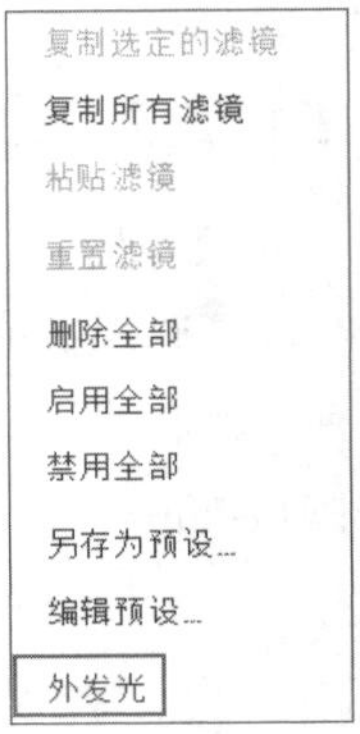

动手练 网页镂空装饰文字

📖 **案例素材：本书实例/第11章/动手练/网页镂空装饰文字**

本练习将以网页镂空装饰文字的制作为例介绍滤镜的应用。具体操作步骤如下。

步骤 01 新建一个640px×480px大小的空白文档。导入本章素材文件，如图11-23所示。修改"图层1"名称为"背景"，并锁定图层。

步骤 02 新建图层"文字"，使用文本工具在舞台中合适位置单击输入文字，如图11-24所示。

图 11-23   图 11-24

步骤 03 选中文字，在"属性"面板"滤镜"区域单击"添加滤镜"按钮＋，在弹出的快捷菜单中执行"投影"命令，添加"投影"滤镜，设置参数，如图11-25所示。

步骤 04 此时舞台中的文字效果如图11-26所示。

图 11-25   图 11-26

至此，完成网页镂空装饰文字的制作。

11.3 音视频的应用

音视频等多媒体元素影响动画的呈现效果，使动画更具吸引力。本节将对音视频的应用进行介绍。

11.3.1 音视频文件格式

Animate软件支持多种音视频格式，常用的包括以下格式：

1. MP3 格式

MP3是使用最为广泛的一种数字音频格式。MP3是利用MPEG Audio Layer 3的技术，将音乐以1∶10甚至1∶12的压缩率压缩成容量较小的文件，换句话说，能够在音质丢失很小的情况下把文件压缩到更小的程度，而且还非常好地保持了原来的音质。

2. WAV 格式

WAV是微软公司（Microsoft）开发的一种声音文件格式，是录音时用的标准的Windows文件格式，文件的扩展名为".wav"，数据本身的格式为PCM或压缩型，属于无损音乐格式的一种。

3. AIFF 格式

AIFF是音频交换文件格式（Audio Interchange File Format）的英文缩写，是苹果公司开发的一种声音文件格式，被Macintosh平台及其应用程序所支持。AIFF是苹果计算机上面的标准音频格式，属于QuickTime技术的一部分。

4. FLV 格式

FLV是一种视频流媒体格式，文件体积小、加载速度快，适合网络观看视频文件。该格式支持嵌入并可以随动画导出。

5. H.264 格式

H.264格式具有很高的数据压缩比率，容错能力强，同时图像质量也很高，在网络传输中更为方便经济，保存文件后缀为".mp4"。该格式支持嵌入，但仅用于设计时间，不能导出视频。

6. AVI 格式

AVI是音频视频交错格式，该格式支持音视频同步播放，且图像质量好，可以跨多个平台使用，但体积过大，压缩标准不统一，多用于多媒体光盘。

7. MOV 格式

MOV是由苹果公司开发的一种音频视频文件格式，可用于存储常用数字媒体类型，保存文件后缀为".mov"。该格式存储空间要求小，且画面效果略优于AVI格式。

11.3.2 导入声音

执行"文件"｜"导入"｜"导入到库"命令，打开"导入到库"对话框，在该对话框中选择要导入的音频素材，单击"打开"按钮将音频导入"库"面板，如图11-27所示。声音导入"库"面板后，选中图层，将声音从"库"面板中拖曳至舞台，添加到当前图层中。

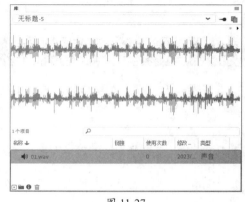

图 11-27

用户也可以将音频直接拖放至时间轴中，或执行"文件"|"导入"|"导入到舞台"命令将音频文件导入至舞台。要注意的是，通过该方式导入音频时，音频将被放到活动图层的活动帧上。

11.3.3 编辑优化声音

用户可以编辑优化导入的声音，包括设置声音属性、设置声音效果、设置同步方式等，下面对此进行介绍。

1. 设置声音属性

"声音属性"对话框中的选项可以调整导入声音的属性、设置声音压缩方式等，用户可以通过以下三种方式打开如图11-28所示的"声音属性"对话框。

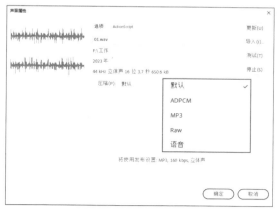

图 11-28

- 在"库"面板中选择音频文件，双击其名称前的◀))图标。
- 在"库"面板中选择音频文件右击，在弹出的快捷菜单中执行"属性"命令。
- 在"库"面板中选择音频文件，单击面板底部的"属性"按钮❶。

该对话框中包括"默认""ADPCM""MP3""Raw"和"语音"5种压缩方式。下面对这5种压缩方式进行介绍。

- **默认**：选择"默认"压缩方式，将使用"发布设置"对话框中的默认声音压缩设置。
- ADPCM：适用于对较短的事件声音进行压缩，如鼠标点击音。
- MP3：一般用于压缩较长的流式声音，它的最大特点是接近于CD的音质。
- Raw：不会压缩导出的声音文件。
- 语音：以一种适合于语音的压缩方式导出声音。

2. 设置声音效果

选中声音所在的帧，在"属性"面板"声音"选项区域中选择"效果"下拉列表中的选项可以设置声音效果，如图11-29所示。该下拉列表中各选项作用如下。

- **无**：不使用效果。
- **左声道/右声道**：只在左声道或者右声道播放音频。
- **向右淡出/向左淡出**：将声音从一个声道切换至另一个声道。
- **淡入**：表示在声音的持续时间内逐渐增加音量。
- **淡出**：表示在声音的持续时间内逐渐减小音量。
- **自定义**：选择该选项，将打开"编辑封套"对话框，如图11-30所示。用户可以在该对话框中对音频进行编辑，创建独属于自己的音频效果。用户也可以单击"效果"选项右侧的"编辑声音封套"按钮，打开"编辑封套"对话框进行设置。

"编辑封套"对话框中分为上下两个编辑区，上方代表左声道波形编辑区，下方代表右声道编辑区，在每一个编辑区的上方都有一条带有小方块的控制线，可以通过控制线调整声音的大小、淡出和淡入等。

图 11-29

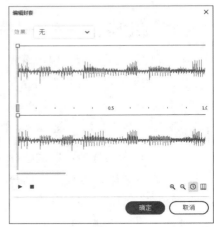

图 11-30

3. 设置声音同步方式

选中声音所在的帧，在"属性"面板"声音"选项区域中可以设置声音和动画的同步方式，如图11-31所示。含义分别如下。

- **事件**：Animate默认选项，选择该选项必须等声音全部下载完毕后才能播放动画，声音开始播放并独立于时间轴播放完整个声音，即使影片停止也继续播放。一般在不需要控制声音播放的动画中使用。
- **开始**：该选项与事件选项的功能近似，若选择的声音实例已在时间轴上的其他地方播放过了，Animate将不会再播放该实例。
- **停止**：该选项可以使指定的声音静音。
- **数据流**：该选项可以使动画与声音同步，以便在Web站点上播放。流声音可以说是依附在帧上的，动画播放的时间有多长，流声音播放的时间就有多长。当动画结束时，即使声音文件还没有播完，也将停止播放。

4. 设置声音循环

在"属性"面板中用户可以设置声音重复或循环播放，如图11-32所示。其中"重复"选项默认是重复1次，用户可以在右侧的文本框中设置播放次数；"循环"选项则可以不停地循环播放声音。

图 11-31

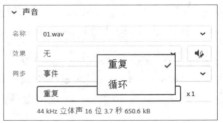

图 11-32

11.3.4 导入视频文件

执行"文件"|"导入"|"导入视频"命令，打开"导入视频"对话框，如图11-33所示。

该对话框中提供了三个本地视频导入选项，这三个选项的作用分别如下。

- 使用播放组件加载外部视频：导入视频并创建 FLVPlayback组件的实例以控制视频回放。将Animate文档作为SWF发布并将其上传到Web服务器时，必须将视频文件上传到Web服务器或Animate Media Server，并按照已上传视频文件的位置配置FLVPlayback组件。

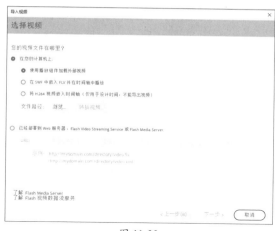

图 11-33

- 在SWF中嵌入FLV并在时间轴中播放：
  该选项可将FLV嵌入到Animate文档中。这样导入视频时，该视频放置于时间轴中，可以看到时间轴帧所表示的各视频帧的位置。嵌入的FLV视频文件成为Animate文档的一部分。该选项可以使此视频文件与舞台上的其他元素同步，但是也可能会出现声音不同步的问题，同时SWF的文件大小会增加。一般品质越高，文件的大小也就越大。

- 将H.264视频嵌入时间轴：该选项可将H.264视频嵌入Animate文档中。使用此选项导入视频时，为了使用视频作为设计阶段制作动画的参考，可以将视频放置在舞台上。在拖曳或播放时间轴时，视频中的帧将呈现在舞台上，相关帧的音频也将播放。

以使用"使用播放组件加载外部视频"导入选项为例，选择该选项后，单击"浏览"按钮，打开"打开"对话框并选择合适的视频素材，如图11-34所示。完成后单击"打开"按钮，切换至"导入视频"对话框"选择视频"选项卡，单击"下一步"按钮切换至"设定外观"选项卡设置外观，如图11-35所示。

图 11-34

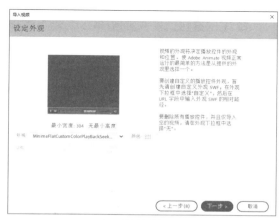

图 11-35

单击"下一步"按钮切换至"完成视频导入"选项卡，如图11-36所示。

单击"完成"按钮，在舞台中看到导入的视频，如图11-37所示。

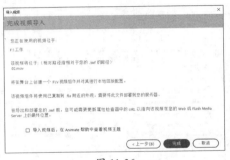

图 11-36

图 11-37

11.3.5　编辑处理视频

"属性"面板可以对导入视频的实例名称、位置和大小等参数进行设置，如图11-38所示。若视频素材是通过"使用播放组件加载外部视频"选项导入的，还可以单击"显示参数"按钮 ，打开"组件参数"面板设置组件，以影响视频效果，如图11-39所示。

图 11-38

图 11-39

动手练 制作网页装饰性小视频

📚 **案例素材：本书实例/第11章/动手练/制作网页装饰性小视频**

本练习将以网页装饰视频的制作为例，介绍导入视频的操作及遮罩动画的制作。具体操作步骤如下。

步骤01 打开本章素材文件，如图11-40所示。

步骤02 在"电视机"图层上方新建"视频"图层，如图11-41所示。

图 11-40

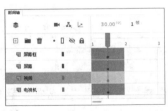

图 11-41

步骤 03 执行"文件"|"导入"|"导入视频"命令,打开"导入视频"对话框,选择"使用播放组件加载外部视频"选项,单击"浏览"按钮打开"打开"对话框,选择要打开的视频文件,如图11-42所示。

步骤 04 单击"打开"按钮,返回"导出视频"对话框中的"选择视频"选项卡界面,单击"下一步"按钮切换至"设定外观"选项卡,选择合适的外观,如图11-43所示。

图 11-42

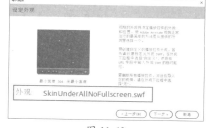

图 11-43

步骤 05 单击"下一步"按钮切换至"完成视频导入"选项卡,保持默认设置,单击"完成"按钮导入视频,如图11-44所示。

步骤 06 使用任意变形工具调整视频大小,并移动至合适位置,如图11-45所示。

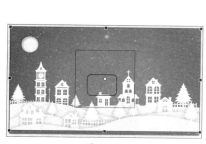

图 11-44

图 11-45

步骤 07 选中"屏幕"图层后右击,在弹出的快捷菜单中执行"遮罩层"命令将其转换为遮罩层,如图11-46所示。

步骤 08 至此完成网页装饰性小视频的制作。按Ctrl+Enter组合键测试预览效果,如图11-47所示。

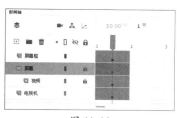

图 11-46

图 11-47

综合实战：制作音频播放页面

📖 **案例素材：** 本书实例/第11章/案例实战/制作音频播放页面

本案例将以音频播放页面的制作为例，介绍文本的创建、声音的导入等。具体操作步骤如下。

步骤01 打开本章素材文件，将"库"面板中的背景图层拖曳至舞台，调整合适大小与位置，如图11-48所示。修改"图层1"名称为"背景"，另存文件。

步骤02 在"背景"图层上方新建"音效"图层，将"库"面板中的"音效"元件拖曳至舞台中合适位置，在"属性"面板"色彩效果"选项区域中选择"色调"选项并进行设置，使其呈现为橙色，如图11-49所示。

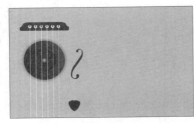
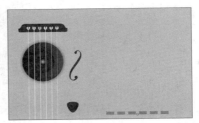

图 11-48　　　　　　　　　　　　　　　图 11-49

步骤03 在"音效"图层上方新建"菜单"图层，使用"文本工具"输入文字，使用"线条工具"绘制白色直线，如图11-50所示。

步骤04 在"菜单"图层上方新建"按钮"图层，使用"矩形工具"和"多角星形工具"绘制播放按钮并复制，分别将两个按钮转换为按钮元件，如图11-51所示。

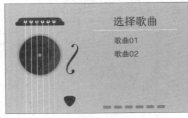

图 11-50　　　　　　　　　　　　　　　图 11-51

步骤05 分别为两个按钮添加实例名称button1和button2，如图11-52和图11-53所示。

图 11-52　　　　　　　　　　　　　　　图 11-53

步骤 06 在"按钮"图层上方新建"音乐"图层，将"库"面板中的"1.mp3"拖曳至舞台中，在"属性"面板中设置"同步"为"数据流"，在第200帧按F5键插入帧，如图11-54所示。

步骤 07 在"音乐"图层第201帧按F7键插入空白关键帧，将"2.mp3"拖曳至舞台中，在"属性"面板中设置"同步"为"数据流"，在所有图层的第400帧按F5键插入帧，如图11-55所示。

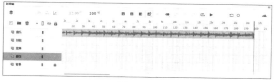

图 11-54

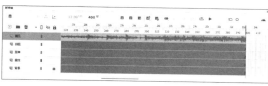

图 11-55

步骤 08 在"音乐"图层上方新建"动作"图层，选择第1帧后右击，在弹出的快捷菜单中执行"动作"命令，打开"动作"面板输入代码，如图11-56所示。

图 11-56

✅知识点拨 此处完整代码如下：

```
stop();
button1.addEventListener(MouseEvent.CLICK,a1ClickHandler);
function a1ClickHandler(event:MouseEvent)
{
        gotoAndPlay(1);
}
button2.addEventListener(MouseEvent.CLICK,a2ClickHandler);
function a2ClickHandler(event:MouseEvent)
{
        gotoAndPlay(201);
}
```

步骤 09 至此完成音频播放页面的制作。按Ctrl+Enter组合键测试预览，单击▷按钮切换播放歌曲，如图11-57所示。

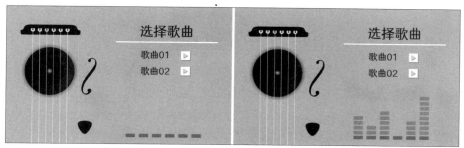

图 11-57

Q&A 新手答疑

1. Q：怎么分离文本？

A： Animate中的文本可以分离成单个文本或填充对象进行编辑。选中文本后执行"修改" | "分离"命令或按Ctrl+B组合键即可。再次执行该命令可将单个文本分离成填充对象。要注意的是，将文本分离为填充对象后就不再具备文本的属性。

2. Q：怎么变形文本？

A： 文本对象的变形与其他对象一致，使用任意变形工具或"变形"命令即可。

3. Q：文本框可以转换为文本标签吗？

A： 可以。双击文本框右上角的方形手柄，可将文本框转换为文本标签。

4. Q：动态文本和静态文本有什么区别？

A： 动态文本在运行时可以通过编程更改内容，而静态文本内容在制作时确定且不可更改。

5. Q：怎么为文本填充渐变？

A： 选中文本，按Ctrl+B组合键两次将文本转换为形状，然后设置渐变填充效果。

6. Q：Animate 滤镜效果会影响性能吗？

A： 会，特别是在移动设备上，使用大量滤镜效果可能会降低性能和帧率。用户需要根据实际需要选择性地添加滤镜效果。

7. Q：怎么隐藏滤镜效果？

A： 若只是想隐藏滤镜效果，可在"属性"面板中单击相应滤镜右侧的"启用或禁用滤镜"按钮启用或隐藏该滤镜效果。

8. Q：什么是音频采样率？

A： 音频采样率是指在数字音频中每秒钟采集声音信号的次数，单位通常是赫兹（Hz）或千赫兹（kHz）。它是数字音频系统中的一个基本参数，决定了系统能够记录和再现声音频率范围的宽窄。

采样率的大小关系到音频文件的大小，适当调整采样率，既能增强音频效果，又能减少文件的大小。较低的采样率可减小文件，但也会降低声音品质。Animate不能提高导入声音的采样率。例如导入的音频为11kHz，即使将它设置为22 kHz，也只是11kHz的输出效果。

9. Q：拖曳多个音频文件至舞台时，为何只有一个音频文件？

A： 一帧中只能包含一个音频文件。

Dreamweaver
HTML Flash
Photoshop

第12章
网页图像
基础知识

本章将对Photoshop基础操作进行介绍。通过本章内容的学习，用户可以了解Photoshop工作界面及自定义操作、网页图像的基础知识；掌握图像文档的编辑操作、页面布局工具的应用。

✎ **要点难点**

- Photoshop工作界面的调整
- 图像文档的编辑
- 裁剪工具的应用
- 页面布局工具的作用
- 网页图像基础知识

12.1 Photoshop软件简介

Photoshop（PS）在图像处理方面具有无可比拟的优势，它主要用于处理由像素构成的数字图像。本节将对Photoshop进行介绍。

12.1.1 Photoshop工作界面

Photoshop的工作界面包括菜单栏、选项栏、标题栏、工具箱、状态栏、图像编辑窗口、面板等。使用Photoshop打开素材图像，显示的工作界面如图12-1所示。

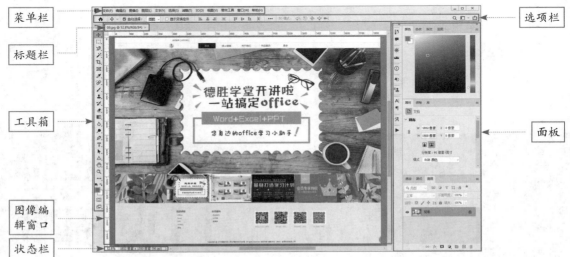

图 12-1

Photoshop工作界面中各部分功能介绍如下。

1. 菜单栏

Photoshop软件的菜单栏中包括一些常见的命令菜单，如文件、编辑、图像、图层、文字等。菜单栏如图12-2所示。用户可以单击菜单名称，在下拉菜单列表中选择相应的命令执行操作。

文件(F)　编辑(E)　图像(I)　图层(L)　文字(Y)　选择(S)　滤镜(T)　3D(D)　视图(V)　增效工具　窗口(W)　帮助(H)

图 12-2

2. 选项栏

用户可以在选项栏中设置当前选择工具的参数，随着选取工具的不同，选项栏中的内容也会有所不同。

3. 标题栏

打开或新建一个文档后，软件会自动创建一个标题栏，用户可以在标题栏中看到该文档的名称、格式、窗口缩放比例、颜色模式等信息，如图12-3所示。

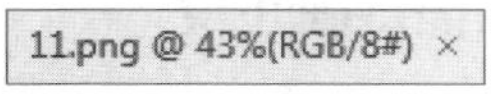

11.png @ 43%(RGB/8#) ×

图 12-3

4. 工具箱

工具箱中存放着大量工具，如图12-4所示。通过这些工具，可以对图像做出选择、绘制、编辑、移动等操作，还可以设置前景色和背景色，从而帮助用户更好地处理图像。

选择工具时，直接单击工具箱中需要的工具即可。工具箱中的许多工具并没有直接显示出来，而是以成组的形式隐藏在右下角带小三角形的工具按钮中，长按该工具不放，将显示该组所有工具。

> ✅**知识点拨** 在选择工具时，可配合Shift键选择。如按Shift+B组合键，可在画笔工具组之间进行转换。

5. 状态栏

状态栏可以显示当前文档的信息，一般位于工作界面最底部。单击状态栏右侧的三角形按钮，在弹出的菜单中可以选择不同的选项在状态栏显示，如图12-5所示。

图 12-4

6. 面板

面板是Photoshop软件中最重要的组件之一，主要用于配合图像的编辑、设置参数等。默认状态下，面板以面板组的形式停靠在软件界面最右侧，单击某一面板图标打开相应的面板，如图12-6所示。

图 12-5

图 12-6

> ❗**注意事项** 面板可以自由地拆开、组合和移动，用户可以根据需要自由地摆放或叠放各面板，为图像处理提供便利的条件。

7. 图像编辑窗口

图像编辑窗口是绘制、编辑图像的主要场所。针对图像执行的所有编辑功能和命令都可以在图像编辑窗口中显示，用户可以通过图像在窗口中的显示效果判断图像最终输出效果。

12.1.2 自定义图像窗口

在使用软件的过程中，用户可以自行调节视图显示比例、屏幕模式、文档窗口排列方式等。

1. 视图显示比例的调整

在操作过程中，为了更好地观察效果，用户可以放大或缩小视图的显示比例。执行"视图"|"放大"命令或按Ctrl++组合键，放大视图显示比例；执行"视图"|"缩小"命令或按Ctrl+-组合键可缩小视图显示比例，如图12-7和图12-8所示。

图 12-7   图 12-8

按Ctrl+0组合键将根据图像编辑窗口大小缩放视图显示比例。

2. 屏幕模式的切换

在Photoshop中，用户可以选择三种屏幕模式：标准屏幕模式、带有菜单栏的全屏模式和全屏模式。长按工具箱中的"更改屏幕模式"按钮，在弹出的工具列表中选择模式进行切换，如图12-9所示。

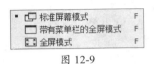

图 12-9

⚠注意事项 按Esc键可退出全屏模式，返回至标注屏幕模式。

3. 文档窗口排列方式的设置

当在软件中打开多个文档时，用户可以通过"排列"命令设置文档的排列方式，以便更好地编辑与观察不同文档。

执行"窗口"|"排列"命令，打开其子菜单，如图12-10所示。在该子菜单中选择一种排列方式即可。图12-11所示为执行"三联垂直"命令的排列效果。

图 12-10

图 12-11

12.2 编辑图像文档

学习和掌握Photoshop的基础操作，可以帮助用户更好地进行网页设计。本节将对图像文档的编辑操作进行介绍。

12.2.1 图像文档管理

文档是Photoshop工作的基础，图像的一切操作都在文档中完成。本节将对文档操作进行说明。

1. 新建文档

Photoshop中新建文档有多种方式。打开Photoshop软件，单击主页中的"新建"按钮或执行"文件"|"新建"命令，也可以按Ctrl+N组合键，都可以打开如图12-12所示的"新建文档"对话框，从中设置文档的名称、尺寸、分辨率等参数后，单击"创建"按钮新建文档。

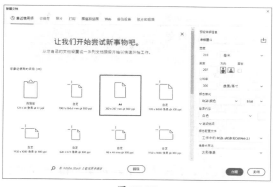

图 12-12

2. 打开 / 关闭文档

在Photoshop软件中，用户可以选择打开图像文件或PSD文档。单击主页中的"打开"按钮或执行"文件"|"打开"命令，也可以按Ctrl+O组合键，打开"打开"对话框，如图12-13所示。在该对话框中找到要打开的文档，单击"打开"按钮将其打开，如图12-14所示。

图 12-13

图 12-14

完成图像处理的操作后，执行"文件"|"关闭"命令或按Ctrl+W组合键，关闭当前文档。若当前文档被修改过或是新建的，在关闭时将弹出提示保存的对话框提示用户进行保存。

3. 置入 / 导入对象

置入对象可将图像或其他Photoshop支持的文件作为智能对象添加至文档中。执行"文件"|"置入嵌入对象"命令，打开"置入嵌入的对象"对话框，选择要置入的素材，单击"置入"按钮将其置入。

用户也可以执行"文件"|"置入链接的智能对象"命令，置入链接的对象。与"置入嵌入的对象"命令不同的是，该命令置入的对象在源文件中修改保存后，会同步更新至使用该对象的文档中。

4. 存储文档

执行"文件"|"存储"命令或按Ctrl+S组合键，保存文档，并替换掉上一次保存的文档。若当前文档是第一次保存，将打开"另存为"对话框，在该对话框中设置参数后单击"保存"按钮即可。

若用户既想保留修改过的文档，又想保留原文档，可以执行"文件"|"存储为"命令或按

Ctrl+Shift+S组合键，打开"另存为"对话框重新设置参数，完成后单击"保存"按钮，将文档另存为一个新的文档。

12.2.2 图像尺寸调整

"图像大小"命令可以调整图像的尺寸、分辨率等，使图像尺寸发生改变。

执行"图像"|"图像大小"命令或按Alt+Ctrl+I组合键，打开如图12-15所示的"图像大小"对话框。在该对话框中设置参数后单击"确定"按钮，调整图像尺寸。

设置时需注意，如果减小图像尺寸后不满意，将其放大，最终得到的图像清晰度会降低。

12.2.3 画布尺寸调整

画布指的是绘制和编辑图像的工作区域，改变画布尺寸会改变图像周围的工作空间，而不改变文件中的图像尺寸。

执行"图像"|"画布大小"命令或按Alt+Ctrl+C组合键，打开如图12-16所示的"画布大小"对话框，从中设置参数，完成后单击"确定"按钮，修改画布尺寸。

图 12-15   图 12-16

12.2.4 裁剪工具

裁剪可以移去图像中的部分区域以强化焦点或加强构图效果，用户可以使用"裁剪工具"🔲裁剪图像。在Photoshop软件中，"裁剪工具"🔲是非破坏性的。图12-17所示为"裁剪工具"🔲的选项栏。

图 12-17

裁剪工具选项栏中各选项作用如下。

- **选择预设长宽比或裁剪尺寸**：用于选择裁剪框的比例或大小。
- **高度和宽度互换 ⇄**：用于更换高度值和宽度值。
- **清除长宽比值**：清除设定的长宽比值。
- **拉直 🔲**：用于拉直图像。选中该按钮后光标在图像编辑窗口变为📐状，按住鼠标左键拖曳绘制参考线，将以绘制的参考线为基准旋转图像。
- **设置裁剪工具的叠加选项 🔲**：用于选择裁剪时显示叠加参考线的视图。

- **设置其他裁切选项✿：** 用于指定其他裁剪选项。
- **删除裁剪的像素：** 勾选该复选框，将删除裁剪区域外部的像素；取消勾选该复选框，将在裁剪边界外部保留像素，可用于以后的调整。
- **内容识别：** 用于智能的填充图像原始大小之外的空隙。
- **复位裁剪框、图像旋转以及长宽比设置⟳：** 恢复默认设置。
- **取消当前裁剪操作⊘：** 取消裁剪操作。
- **提交当前裁剪操作✓：** 应用裁剪操作。

> ☑**知识点拨** 裁剪工具组中的"透视裁剪工具"⊞可以帮助用户修改图片。打开任意图片，激活"透视裁剪工具"⊞，在图像上指定要裁剪的区域，按Enter键完成透视裁剪操作。

动手练 裁剪网页图像

📖 **案例素材：** 本书实例/第12章/动手练/裁剪网页图像

本练习将以网页图像的裁剪为例，介绍裁剪工具的应用。具体操作步骤如下。

步骤01 执行"文件"|"打开"命令，打开本章素材文件"灯塔.jpg"，如图12-18所示。

步骤02 选择工具箱中的"裁剪工具"⊞，图像周围出现如图12-19所示的裁剪框。

图 12-18

图 12-19

步骤03 在选项栏中设置"选择预设长宽比或裁剪尺寸"为"比例"，并设置比例为3∶2，如图12-20所示。

图 12-20

步骤04 在图像编辑窗口中调整裁剪框大小，如图12-21所示。

步骤05 双击应用裁剪。按Ctrl+0组合键按屏幕大小缩放视图显示比例，图12-22所示为放大后的效果。至此，完成网页图像的裁剪。

图 12-21

图 12-22

12.3 页面布局工具

运用标尺、参考线、网格等页面布局工具，有助于用户布局网页，获得良好的视觉效果。

12.3.1 标尺

标尺可以帮助用户精确定位图像或元素。执行"视图"|"标尺"命令，或按Ctrl+R组合键显示如图12-23所示的标尺。再次执行该命令将隐藏标尺。

12.3.2 网格

网格是精确定位图像或元素的"好帮手"。执行"视图"|"显示"|"网格"命令，或按Ctrl+'组合键显示网格。图12-24和图12-25所示为网格隐藏与显示的对比效果。再次执行该命令将隐藏网格。

图 12-23

图 12-24

图 12-25

12.3.3 参考线

Photoshop中的参考线可分为参考线和智能参考线两种类型。参考线可以帮助用户定位图像，智能参考线可以帮助用户对齐形状、切片和选区。

1. 参考线

按Ctrl+R组合键显示标尺，移动光标至标尺上，向图像编辑窗口中拖曳将创建参考线。也可以执行"视图"|"新建参考线"命令，打开如图12-26所示的"新建参考线"对话框。在该对话框中设置参考线的取向和位置，完成后单击"确定"按钮创建定位准确的参考线。

网页设计过程中常用"新建参考线版面"命令进行布局。执行"视图"|"新建参考线版面"命令，打开"新建参考线版面"对话框，如图12-27所示。在该对话框中设置参数，可在图像编辑窗口中新建多个参考线。

2. 智能参考线

执行"视图"|"显示"|"智能参考线"命令，启用智能参考线。移动图像时将显示智能参考线，以便用户定位。

图 12-26

图 12-27

12.4 网页图像基础知识

图像元素在网页中具有美化网页、通过信息的作用，是网页设计中不可或缺的元素。了解图像基础知识，可以帮助用户更好地处理图像。

12.4.1 位图与矢量图

计算机图像的两大类型分别是位图与矢量图。其中，Photoshop主要处理的是位图。

1. 位图

位图图像由像素的单个点组成，又被称为点阵图像或栅格图像。图像的大小取决于像素数目的多少，图形的颜色取决于像素的颜色。与矢量图形相比，位图的色彩更加丰富逼真，但相对的，位图的存储空间也较大，在缩放和旋转时容易失真。图12-28和图12-29所示为位图原图与放大后的效果对比。

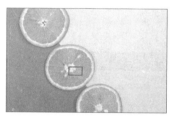 

图 12-28   图 12-29

2. 矢量图

矢量图像又称向量图，是计算机图形学中用点、直线或者多边形等基于数学方程的几何图元表示图像。矢量图最大的优点在于无论是放大、缩小还是旋转等都不会失真，与分辨率无关。图12-30和图12-31所示为原图与放大后对比的效果。矢量图只能靠软件生成，占用存储空间较小，适用于文字设计、标志设计、图形设计等领域。

图 12-30   图 12-31

12.4.2 分辨率

分辨率决定了位图图像细节的精细程度，在数字图像的显示及打印等方面，起着非常重要的作用。一般将分辨率分为图像分辨率、屏幕分辨率和打印分辨率三种，这三种分辨率的作用分别如下。

- **图像分辨率**：指图像中存储的信息量，即图像中每单位长度含有的像素数目，通常以像素每英寸（ppi）来表示。图像的分辨率和尺寸一起决定文件的大小和输出质量。

- **屏幕分辨率**：又称显示分辨率，是指实际显示图像时显示器显示的像素数量。显示器尺寸一致的情况下，分辨率越高，图像越清晰，通常以"水平像素数×垂直像素数"的形式显示。
- **打印分辨率**：又称输出分辨率，是指激光打印机（包括照排机）等输出设备产生的每英寸油墨点数（dpi）。大部分桌面激光打印机的分辨率为300～600dpi，而高档照排机能够以1200dpi或更高的分辨率进行打印。

> **注意事项** 屏幕分辨率必须小于或等于显示器分辨率，显示器分辨率描述的是显示器自身的像素点数量，是固有的、不可改变的。

12.4.3 图像格式

图像文件有多种保存格式，不同的图像格式的压缩形式不同，存储空间和图像质量也有所不同。Photoshop软件支持PSD、3ds、TIFF、JPEG、BMP等多种文件存储格式，其主要特点如表12-1所示。

表12-1

图像格式	主要特点	应用指数
PSD	可以保存图像的图层、通道、路径等信息	●●●○○
JPEG	支持多种压缩级别，色彩信息保留较好	●●●●●
TIFF	支持很多色彩系统，且独立于操作系统	●●●○○
PNG	无损压缩，体积小，支持透明箱	●●●●○
EPS	同时包含像素信息和矢量信息，可在Illustrator和Photoshop之间进行交换	●●○○○
BMP	图像信息丰富，几乎不进行压缩	●●○○○
GIF	适用于多种平台，存储空间小，适用于Internet上的图片传输	●●●○○

12.4.4 图像颜色模式

颜色模式是一种记录图像颜色的方式。常见的颜色模式包括位图模式、灰度模式、双色调模式、RGB颜色模式、CMYK颜色模式、索引颜色模式、Lab颜色模式和多通道模式，主要特点如表12-2所示。

表12-2

颜色模式	主要特点	应用指数
位图模式	使用黑色或白色两种颜色值中的一个表示图像中的像素，包含信息最少，图像也最小	●○○○○
灰度模式	使用不同级别的灰度来表现图像，色调表现力强，图像平滑细腻	●○○○○
双色调模式	通过1～4种自定油墨创建单色调、双色调（两种颜色）、三色调（三种颜色）和四色调（四种颜色）的灰度图像	●○○○○
RGB颜色模式	适用于在屏幕中显示，是主流的一种颜色模式	●●●●●
CMYK颜色模式	适用于印刷	●●●●○
索引颜色模式	常用于互联网和动画，最多256种颜色，占用空间较小	●●○○○
Lab颜色模式	包括颜色数量最广，最接近真实世界颜色。	●●○○○
多通道模式	当图像中颜色运用较少时，选择该模式可减少印刷成本并保证图像颜色的正确输出	●●○○○

综合实战：为网页图像添加边框

案例素材： 本书实例/第12章/案例实战/为网页图像添加边框

本案例将以网页图像的边框添加为例，对画布尺寸的调整进行介绍。具体操作步骤如下。

步骤01 打开Photoshop软件，单击主页中的"打开"按钮，打开本章素材文件"花.jpg"，如图12-32所示。

步骤02 执行"图像"|"画布大小"命令，打开"画布大小"对话框，如图12-33所示。

图 12-32

图 12-33

步骤03 勾选"相对"复选框，设置"宽度"和"高度"为150像素，如图12-34所示。

步骤04 单击"画布扩展颜色"右侧的"填充"按钮■，打开"拾色器（画布扩展颜色）"对话框设置颜色（#6C573C），如图12-35所示。

图 12-34

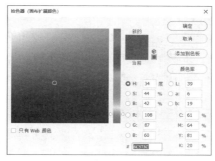

图 12-35

步骤05 完成后单击"确定"按钮，返回"画布大小"对话框，单击"确定"按钮即可扩大画布尺寸，如图12-36所示。至此，完成网页图像边框的添加。

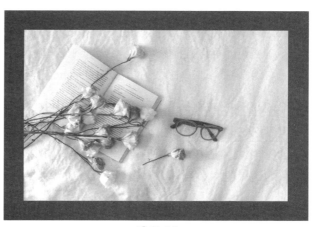

图 12-36

QA 新手答疑

1. Q: 在设计网页时，有页面尺寸的规定吗？

A: 网页尺寸取决于屏幕尺寸，为了适配大多数屏幕，设计网页时一般以1920px×1080px为基准进行设计，其中高度可以根据网页要求设定。同时还应关注内容安全区域，其作用是确保网页在不同计算机的分辨率下都可以正常显示。以宽度为1920px的网页为例，其安全宽度一般为1200px，首屏高度建议为710px，安全高度一般为580px。

2. Q: 缩放工具怎么使用？

A: 用户还可以使用工具箱中的缩放工具 对图像进行缩放。在工具箱中选择"缩放工具" ，在图像编辑窗口中单击放大视图显示比例，按住Alt键单击缩小视图显示比例。

3. Q: 如何更改标尺原点位置？

A: 标尺原点默认位于窗口左上角标尺的交叉点处，移动光标至该处，按住鼠标左键拖动可以重新设置标尺原点。按住Shift键拖动可使标尺原点与标尺刻度对齐。双击窗口左上角标尺的交叉点处，可使标尺原点复位至其默认值。

4. Q: 如何清除参考线？

A: 若想清除参考线，选择后将其拖曳至图像编辑窗口之外即可；也可以执行"视图"|"清除参考线"命令，清除所有参考线。

5. Q: 如何撤销操作？

A: 执行"编辑"|"还原"命令或按Ctrl+Z组合键可以撤销最近一步的操作。还原后，执行"编辑"|"重做"命令可以重做已还原的操作。用户也可以在"历史记录"面板中选择历史记录，以回到当前记录的操作状态。

6. Q: 降低图像分辨率有什么好处？

A: 对于初始分辨率较大的图像，若将其分辨率降低，会缩小图形的尺寸，而不影响图像的质量。该方法常用于优化Web图像。

7. Q: 如何设置前景色和背景色？

A: 单击工具箱中的"前景色" 或"背景色" 图标，在弹出的"拾色器"对话框中选择颜色即可设置前景色或背景色。按X键可切换前景色与背景色。在填充时，按Alt+Delete组合键将填充前景色，按Ctrl+Delete组合键将填充背景色。

8. Q: RGB模式下每个像素的颜色值都由R、G、B三个数值来决定，当R、G、B数值相等、均为255、均为0时，呈现出的颜色分别是什么？

A: 当R、G、B数值相等时，呈现为偏色的灰色；均为255时，呈现纯白色；均为0时，呈现纯黑色。

Dreamweaver

HTML Flash

Photoshop

第**13**章
网页图像的
处理

本章将对网页图像的处理进行介绍。通过本章内容的学习，用户可以掌握选区的创建与编辑操作、图像的编辑修改、图层混合模式的应用、图像蒙版的添加与编辑；学会网页图像调色及滤镜操作。

✎ **要点难点**
- 选区的创建与编辑
- 图像的修改操作
- 不同混合模式的作用
- 图层蒙版的应用
- 网页图像调色

13.1 创建与编辑选区

选区是编辑图像的"好帮手"，用户可以通过选区选择性地处理图像的某一部分。本节将对此进行介绍。

13.1.1 创建选区

创建选区一般有两种方式：选区工具和选区命令。在实际操作过程中，用户可以根据选取对象的不同，选择合适的方式。

1. 选区工具

选区工具包括"矩形选框工具" ⬚、"椭圆选框工具" ⭕、"套索工具" ⦿、"多边形套索工具" ⫝、"快速选择工具" 🖌、"魔棒工具" 🖌等，这些选区工具的作用分别如下。

- **矩形选框工具**：用于创建矩形和正方形选区。
- **椭圆选框工具**：用于创建椭圆形和正圆形的选区。
- **单行选框工具/单列选框工具**：用于选择一行或一列像素，可制作网格效果。
- **套索工具**：用于创建任意形状的选区。
- **多边形套索工具**：用于创建具有直线边缘的不规则多边形选区，适合选择具有直线边缘的不规则物体。
- **磁性套索工具**：用于识别图像中颜色交界处反差较大的区域创建精准选区，适用于选择与背景反差较大且边缘复杂的对象。
- **对象选择工具**：用于查找并自动选择对象，适用于在包含多个对象的图像中选择一个对象或某个对象的一部分。
- **快速选择工具**：用于快速创建选区。
- **魔棒工具**：用于选取图像中颜色相同或相近的区域。

2. 选区命令

"选择"菜单中提供了一系列创建选区的命令，如"色彩范围""焦点区域""主体"等，常用命令如下。

- **色彩范围**：用于选择现有选区或整个图像内指定的颜色或色彩范围。执行"选择"|"色彩范围"命令，打开"色彩范围"对话框，如图13-1所示。在该对话框中设置参数，在需要选择的颜色上单击，完成后单击"确定"按钮即可，如图13-2和图13-3所示。
- **焦点区域**：用于选择位于焦点中的图像区域或像素。
- **主体**：用于快速选择图像中最突出的主体。与"对象选择工具" 🔳不同的是，执行"主体"命令可选择图像中所有的主要主体。
- **天空**：用于快速选择图像中的天空区域。

图 13-1

图 13-2

图 13-3

13.1.2 编辑选区

Photoshop支持对选区进行扩大、缩小、变换等操作，以便更好地选择对象。下面对常用编辑操作进行介绍。

1. 移动选区

创建完选区后，切换至"移动工具"✛，移动光标至选区内部，当光标变为▶状时，按住鼠标左键拖动即可移动选区及选区内的对象，如图13-4所示。

若想移动选区边界，可以选择任意选区工具，在选项栏中单击"新选区"按钮 ▣，移动光标至选区内部，当光标变为▶状时，按住鼠标左键拖动即可移动选区边界，如图13-5所示。在使用鼠标左键拖动选区的同时按住Shift键可使选区在水平、垂直或45°斜线方向移动。

图 13-4

图 13-5

2. 反选选区

反选选区是指选择图像中未被选中的部分，通过该命令可以快速选择纯色背景上的复杂对象。执行"选择"|"反选"命令或按Shift+Ctrl+I组合键即可。

3. 修改选区

"修改"命令可以进一步调整选区，使选区更加符合用户需要。执行"选择"|"修改"命令，在其子菜单中执行命令即可。图13-6所示为"修改"命令子菜单。

图 13-6

231

下面对这5种命令进行介绍。

● **边界**：将当前选区转换为以选区边界为中心向内向外扩张指定宽度的选区。
● **平滑**：清除选区中的杂散像素、平滑尖角和锯齿，使选区边界平滑。
● **扩展**：扩大选区范围。
● **收缩**：缩小选区范围。
● **羽化**：使选区边缘变得柔和，生成由选区中心向外渐变的半透明效果。

⊘ 注意事项 对选区内的图像进行移动、填充等操作才能看到图像边缘的羽化效果。

4. 扩大选取

"扩大选取"命令可以选择所有位于"魔棒"选项中指定的容差范围内的相邻像素。执行"选择"|"扩大选取"命令即可。

⊘ 注意事项 位图模式或32位通道的图像上无法使用"扩大选取"命令和"选取相似"命令。

5. 选取相似

"选取相似"命令可以选择整个图像中位于容差范围内的像素。执行"选择"|"选取相似"命令，将扩展选区包含具有相似颜色的区域。

6. 变换选区

"变换选区"命令可以对选区进行缩放、旋转、扭曲等操作，从而改变选区的外观。创建选区后，执行"选择"|"变换选区"命令，选区周围出现定界框，如图13-7所示，调整定界框，即可改变选区外观，如图13-8所示。

图 13-7

图 13-8

7. 存储选区和载入选区

创建选区后，可以选择将选区存储起来，以便需要时重新使用。执行"选择"|"存储选区"命令或右击，在弹出的快捷菜单中执行"存储选区"命令，打开"存储选区"对话框，如图13-9所示。在该对话框中设置目标文档、目标通道等参数后单击"确定"按钮即可。

"载入选区"命令与存储选区相对，可以重新使用Alpha通道中存储的选区。执行"选择"|"载入选区"命令，打开"载入选区"对话框，如图13-10所示。在该对话框中设置参数后单击"确定"按钮即可。

图 13-9　　　　　　　　　　　　　　　　图 13-10

动手练 合成奇幻网页图像

📖 **案例素材：本书实例/第13章/动手练/合成奇幻网页图像**

本练习将以奇幻网页图像的合成为例，介绍选区的创建与编辑。具体操作步骤如下。

步骤 01 打开本章素材文件"手机.jpg"，如图13-11所示。

步骤 02 执行"文件"|"置入嵌入的对象"命令，置入本章素材文件"鹿.jpg"，调整至合适大小与位置，如图13-12所示。

图 13-11

图 13-12

✅ **知识点拨** 该步骤可以置入素材图像后，调整图层不透明度，再根据底层图层调整"鹿"图层大小。

步骤 03 选中"鹿"图层，在"图层"面板中右击，在弹出的快捷菜单中执行"栅格化图层"命令，将图层栅格化，如图13-13所示。

步骤 04 执行"选择"|"主体"命令，创建选区，如图13-14所示。

图 13-13

图 13-14

步骤05 按Ctrl+J组合键，复制选区至新图层，如图13-15所示。

步骤06 选择"背景"图层，单击工具箱中的"魔棒工具" ，在选项栏中设置"容差"为30，在手机屏幕处单击，创建选区，如图13-16所示。

图 13-15

图 13-16

步骤07 选择"鹿"图层，执行"选择"|"反选"命令反转选区，如图13-17所示。

步骤08 按Delete键删除选区内容，按Ctrl+D组合键取消选区，效果如图13-18所示。

图 13-17

图 13-18

至此，完成奇幻网页图像的合成。

13.2 修改图像

修改图像可以使图像更适配网页，用户可以通过橡皮擦工具组、图章工具组、修复工具组中的工具修改。

13.2.1 橡皮擦工具组

橡皮擦工具组中包括"橡皮擦工具" 、"背景橡皮擦工具" 和"魔术橡皮擦工具" 三种工具，通过这些工具可以擦除图像部分内容，从而修饰图像。

1. 橡皮擦工具

"橡皮擦工具" 可将像素更改为背景色或透明。在"背景"图层或锁定透明度的图层中进行擦除时，擦除的区域将变为图13-19所示的背景色；若在普通图层中进行擦除，则擦除的区域变为图13-20所示的透明状。

图 13-19

图 13-20

2. 背景橡皮擦工具

"背景橡皮擦工具" 可以擦除图像中指定颜色的像素，使其变为透明。选择该工具，设置前景色与背景色分别为保留部分与擦除部分的颜色，在选项栏中设置参数，在要擦除的区域单击并涂抹，将按照设置擦除图像。

> ✔**知识点拨** 在使用"背景橡皮擦工具" 的过程中，用户可随时修改前景色与背景色颜色，以达到更好的擦除效果。

3. 魔术橡皮擦工具

"魔术橡皮擦工具" 可擦除图像或选区中颜色相同或相近的区域，使擦除部分的图像呈透明效果。选择该工具，在要擦除的区域单击即可。

13.2.2 图章工具组

图章工具组中包括"仿制图章工具" 和"图案图章工具" 两种工具，通过这两种工具可以复制和修复图像的内容。本节将对这两种工具进行介绍。

1. 仿制图章工具

"仿制图章工具" 可以将取样图像应用至其他图像或同一图像的其他位置。选择该工具后保持默认设置，按住Alt键在图像中单击取样，释放Alt键后在需要修复的图像区域单击即可。图13-21和图13-22所示为仿制前后对比效果。

图 13-21

图 13-22

2. 图案图章工具

"图案图章工具" ▤可以将预设的图案或自定义图案复制，应用至图像中，制作特殊效果。选择该工具，在选项栏中单击"点按可打开图案拾色器"按钮 ▦，在弹出的"图案"拾色器中选择图案后，在图像编辑窗口中拖曳，将使用定义的图案覆盖当前区域的图像。

13.2.3 修复工具组

修复工具组中包括多种修复工具，通过这些工具，可以修复图像中的瑕疵，使图像更加完整自然。

1. 污点修复画笔工具

"污点修复画笔工具" ▨可以除去图像中的标记和污渍，使用时仅需在需要修复的位置单击即可。图13-23和图13-24所示为修复前后对比效果。

图 13-23 　　　　　　　　　　　　　　　　　　图 13-24

2. 修复画笔工具

"修复画笔工具" ▨与"污点修复画笔工具" ▨类似，但使用"修复画笔工具" ▨需要先进行取样，再用取样点的样本图像来修复图像。单击工具箱中的"修复画笔工具"按钮 ▨，按Alt键在源区域单击，对源区域进行取样，然后在目标区域单击并拖动鼠标左键即可。

3. 修补工具

"修补工具" ▨与"修复画笔工具" ▨类似，是使用其他区域或图案中的像素来修复选中的区域。单击工具箱中的"修补工具" ▨，在需要修补的地方拖动光标绘制选区，然后拖动选区至要复制的区域即可。图13-25和图13-26所示修补前后对比效果。

图 13-25 　　　　　　　　　　　　　　　　　　图 13-26

4. 内容感知移动工具

"内容感知移动工具" ✕ 可以选择和移动图片的一部分，并自动填充移走后的空洞区域。

5. 红眼工具

"红眼工具" +◉ 可以去除图像中人物眼睛中的红点，使眼睛正常。单击工具箱中的"红眼工具" +◉，在选项栏中设置参数，设置瞳孔大小，设置变暗程度，数值越大颜色越暗，在图像中红眼位置单击即可。

动手练 修复网页图像

📖 **案例素材：本书实例/第13章/动手练/修复网页图像**

本练习将以雪地上脚印的去除为例，介绍"污点修复画笔工具" 🖌 的使用。具体操作步骤如下。

步骤 01 打开本章素材文件"雪地.jpg"，如图13-27所示。按Ctrl+J组合键复制一层。

步骤 02 按Ctrl+L组合键打开"色阶"对话框，设置如图13-28所示的参数。完成后单击"确定"按钮，提亮图像。

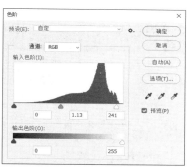

图 13-27 图 13-28

步骤 03 单击工具箱中的"污点修复画笔工具" 🖌，在选项栏中设置如图13-29所示的参数。

步骤 04 移动光标至脚印处，拖曳涂抹，如图13-30所示。

图 13-29 图 13-30

步骤 05 释放鼠标左键后的效果如图13-31所示。

步骤 06 继续在脚印处涂抹，去除脚印效果，如图13-32所示。

图 13-31

图 13-32

至此完成网页图像的修复。

13.3 图层与蒙版

图层是Photoshop中一个非常基础的概念，可以分为多种不同的类型，如普通图层、背景图层、文本图层、形状图层以及调整图层等。常见图层特点如表13-1所示。

表13-1

图层类型	特点介绍
背景图层	位于"图层"面板最下方，可绘图或应用滤镜效果，但不可移动该图层位置或改变其叠放顺序，也不能更改其不透明度和混合模式。背景图层以背景色为底色，当使用橡皮擦工具擦除背景图层时会显示背景色
普通图层	Photoshop中最普通，也是最常见的图层，在软件中显示为透明。在该类型图层上可以绘制与编辑图像
文本图层	输入文字后自动生成文本图层，文本图层中的文字可进行更改
形状图层	绘制形状时自动生成形状图层，形状图层中的形状属性可在"属性"面板中进行更改
智能对象图层	该图层可以很好地保护图像对象，对图像进行非破坏性的编辑。双击"图层"面板中的智能对象图层缩览图，将单独打开该图层进行修改，保存后将会把改变显示在原始文档中
蒙版图层	控制图像的隐藏及显示，从而制作特殊的图像效果。常见的蒙版类型包括图层蒙版、矢量蒙版、剪贴蒙版以及快速蒙版4种
调整图层	加载网页文档的过程中发生错误时发生的事件
填充图层	可影响该层以下图层中的色调与色彩。该图层可以对下层图层进行非破坏性的编辑

13.3.1 图层的基本操作

本节将对新建图层、复制图层、删除图层等基础操作进行介绍。

1. 新建图层

新建Photoshop文档后，默认只有"背景"图层。用户可以通过执行"新建"命令或单击"创建新图层"按钮⊞新建图层。

- 执行"图层"|"新建"|"图层"命令，打开"新建图层"对话框。从中设置参数，完成后单击"确定"按钮即可。
- 单击"图层"面板下方"创建新图层"按钮⊞即可。

2. 选择图层

若想对图层进行编辑，需先将图层选中。在"图层"面板中单击图层名称即可。也可以在图像编辑窗口中右击，在弹出的快捷菜单中选择相应的图层名称进行选择，如图13-33所示。

图 13-33

✅**知识点拨** 使用选择工具时，在选项栏中勾选"自动选择"复选框，设置选择对象为"图层"，如图13-34所示，在图像编辑窗口中单击相应的图层内容将自动选中图层。

图 13-34

❗**注意事项** 按住Ctrl键单击图层名称将选择图层；单击图层缩略图，将载入该图层的选区。

3. 复制图层

在图像处理中，复制图层可以有效避免误操作造成的图像效果的损失。用户可以通过多种方式复制图层，下面对此进行介绍。

- **通过"图层"面板复制图层：** 选中要复制的图层，按住鼠标左键拖曳至"创建新图层"按钮⊞上，或按住Alt键拖曳要复制的图层即可。
- **通过快捷键复制图层：** 选中要复制的图层，按Ctrl+J组合键可在原地复制选中的图层；按Ctrl+C和Ctrl+V组合键同样可以复制粘贴图层，但复制的图层将偏移一定的距离。
- **执行命令复制图层：** 选中要复制的图层，执行"图层"|"复制图层"命令，打开"复制图层"对话框进行设置即可。该操作可以将图层复制到其他文档中。

4. 删除图层

当文档中存在不需要的图层时，可以选择将其删除。选中要删除的图层，单击"图层"面板中的"删除图层"按钮🗑或按Delete键即可。

5. 锁定 / 解锁图层

锁定图层可以很好地保护图层，防止误操作损坏图层内容。Photoshop软件提供了如图13-35所示的5种锁定方式，5种锁定方式的作用分别如下。

- **锁定透明像素** ⊠：将编辑范围限制为图层的不透明区域，图层中的透明区域将被保护，不可编辑。
- **锁定图像像素** ✓：任何绘图、编辑工具和命令都不能在图层上进行操作，选择绘图工具后，光标将显示为禁止编辑形状 ⊘。
- **锁定位置** ✛：图层不能被移动、旋转或变换。
- **防止在画板和画框内外自动嵌套** ⇄：锁定视图中指定的内容，以禁止在画板内部和外部自动嵌套，或指定给画板内的特定图层，以禁止这些特定图层的自动嵌套。

图 13-35

- **锁定全部** 🔒：锁定图层，不能对图层进行任何操作。

若想解锁锁定图层，选中图层后单击相应的锁定方式按钮，或单击图层名称右侧的锁状图标 🔒 即可。

6. 显示／隐藏图层

在处理图像的过程中，当存在过多图层时，用户可以选择将部分图层暂时隐藏，以便更好地进行操作。单击"图层"面板中要隐藏图层左侧的眼睛图标 👁 即可。再次单击，可使图层重新显示。

7. 调整图层顺序

图像效果受图层顺序影响。用户可以根据需要，在"图层"面板中对图层顺序进行调整。选中图层，在"图层"面板中向上或向下拖曳选中的图层，拖放至目标位置出现双蓝线时松开鼠标左键即可。也可以按Ctrl+[组合键向下调整图层，或按Ctrl+]组合键向上调整图层。

> ✅**知识点拨** 选中图层后，按Ctrl+Shift+[组合键可将图层移动至最下方"背景"图层上方；按Ctrl+Shift+]组合键可将图层移动至最上方。

8. 链接／取消链接图层

将图层链接在一起后，可同时对已链接的多个图层进行移动、变换等操作。选中要链接的图层，单击"图层"面板下方的"链接图层"按钮 ⚭，如图13-36所示。再次单击将取消链接。

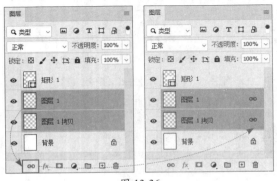

图 13-36

> ✅**知识点拨** 除了取消链接外，用户还可以选择禁用链接，对单个图层进行操作。按住Shift键单击链接图层右侧的链接图标 ⚭，链接图标 ⚭ 上将显示一个 ✕，表示当前图层的链接被禁用。按住Shift键再次单击，可重新启用链接。

9. 合并图层

合并图层可以缩减文档，提高软件运行速度。最终确定文档内容后，就可以合并图层。

- **合并图层**：选中要合并的图层，执行"图层"|"合并图层"命令或按Ctrl+E组合键即可。

- **合并可见图层**：执行"图层"|"合并可见图层"命令，或按Ctrl+Shift+E组合键可以合并"图层"面板中的所有可见图层。
- **向下合并图层**：选中某一图层后，执行"图层"|"向下合并"命令，或按Ctrl+E组合键，将合并当前图层至其下方图层。
- **拼合图像**：执行"图层"|"拼合图像"命令可将所有可见图层合并到背景中（不包含隐藏图层），并使用白色填充其余的任何透明区域。
- **盖印图层**：盖印图层可将之前对图像进行处理后的效果以图层的形式复制在一个新图层上，且保持原始图层效果不变。按Ctrl+Shift+Alt+E组合键可将可见图层中的内容盖印到新图层中；按Ctrl+Alt+E组合键可将选中的图层内容盖印到新图层中。

10. 图层的对齐与分布

在处理图像的过程中，通过设置图层的对齐与分布，可以使图像效果更加整齐。对齐图层是指将两个或两个以上图层按一定规律进行对齐排列。选中两个及以上的图层，执行"图层"|"对齐"命令，在其子菜单中选择相应的对齐命令即可。

分布图层是指将三个及以上图层按一定规律进行分布。选中三个及以上图层，执行"图层"|"分布"命令，在其子菜单中选择相应的分布命令即可。

> **⊘注意事项** 选择多个图层，选中选择工具，在其选项栏中可通过对齐与分布按钮快速设置图层的对齐与分布。

13.3.2 图层样式的运用

图层样式可以为图像添加投影、内阴影等效果，从而改变图像效果。用户可以通过多种方式打开如图13-37所示的"图层样式"对话框。

- 在"图层"面板中双击需要添加图层样式的图层名称空白处。
- 单击"图层"面板中的"添加图层样式"按钮*fx*，在弹出的快捷菜单中选择相应的样式。
- 在"图层"面板中双击需要添加图层样式的图层缩略图。
- 在"图层"面板中选中要添加图层样式的图层，右击，在弹出的快捷菜单中执行"混合选项"命令。

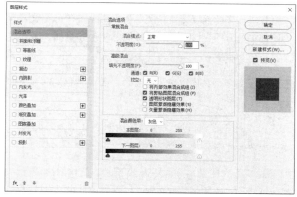

图 13-37

选中"图层样式"对话框中的选项卡设置参数，将为图层添加相应的图层样式效果。

13.3.3 图层的混合模式

图层混合模式可以确定图层与其下层图层的混合方式，制作出特殊的融合效果。选中一个图层，单击"图层"面板中的"设置图层的混合模式"按钮 正常 ，展开混合模式列表选择即可。常用的图层混合模式作用如表13-2所示。

表13-2

混合模式	作用
正常	默认混合模式。选择该模式，图层叠加无特殊效果，降低"不透明度"或"填充"数值后才可以与下层图层混合
溶解	在图层完全不透明的情况下，溶解模式与正常模式所得到的效果是相同的。若降低图层的不透明度，图层像素不是逐渐透明化，而是某些像素透明，其他像素则完全不透明，从而得到颗粒化效果
变暗	该模式将对上下两个图层相对应像素的颜色值进行比较，取较小值得到自己各通道的值，因此叠加后图像效果整体变暗
正片叠底	该模式可用于添加阴影和细节，而不会完全消除下方的图层阴影区域的颜色。任何颜色与黑色正片叠底产生黑色。任何颜色与白色正片叠底保持不变
颜色加深	该模式通过增加图像间的对比度使基色变暗以反映混合色，与白色混合后不产生变化
线性加深	该模式通过减少亮度使基色变暗以反映混合色，与白色混合后不产生变化
深色	该模式比较混合色和基色的所有通道的数值总和，然后显示数值较小的颜色
变亮	该模式与变暗模式相反，混合结果为图层中较亮的颜色
滤色	查看每个通道的颜色信息，并将混合色的互补色与基色复合，结果色总是较亮的颜色。用黑色过滤时颜色保持不变，用白色过滤将产生白色
颜色减淡	通过减小对比度使基色变亮以反映混合色，与黑色混合时无变化
线性减淡（添加）	通过增强亮度使基色变亮以反映混合色，与黑色混合后不产生变化
浅色	比较混合色和基色的所有通道的数值总和，然后显示数值较大的颜色
叠加	对颜色进行正片叠底或过滤，具体取决于基色。保留底色的高光和阴影部分，底色不被取代，而是和上方图层混合来体现原图的亮度和暗部，图案或颜色在现有像素上叠加，同时保留基色的明暗对比
柔光	使颜色变暗或变亮，具体取决于混合色。若混合色比50%灰色亮，则图像变亮；反之则图像变暗
强光	对颜色进行正片叠底或过滤，具体取决于混合色。若混合色比50%灰色亮，则图像变亮；反之则图像变暗
亮光	通过增加或减小对比度来加深或减淡颜色，具体取决于混合式。若混合色比50%灰色亮，则通过减小对比度使图像变亮；反之则通过增加对比度使图像变暗
线性光	通过减小或增加亮度来加深或减淡颜色，具体取决于混合色。若混合色比50%的灰度亮，则图像增加亮度，反之图像变暗

（续表）

混合模式	作用
点光	根据混合色替换颜色。若混合色比50%灰色亮，则替换比混合色暗的像素，而不改变比混合色亮的像素，若混合色比50%灰色暗，则替换比混合色亮的像素，而比混合色暗的像素保持不变
实色混合	应用该模式后将使两个图层叠加后具有很强的硬性边缘
差值	该模式的应用将使上方图层颜色与底色的亮度值互减，取值时以亮度较高的颜色减去亮度较低的颜色
排除	该模式的应用效果与差值模式类似，但图像效果会更加柔和
减去	比较每个通道中的颜色信息，并从基色中减去混合色
划分	比较每个通道中的颜色信息，并从基色中划分混合色
色相	该模式的应用将采用底色的亮度、饱和度以及上方图层中图像的色相作为结果色
饱和度	用基色的明亮度和色相以及混合色的饱和度创建结果色，在饱和度为0的区域用此模式绘画不会产生任何变化
颜色	用基色的明亮度以及混合色的色相和饱和度创建结果色。这样可以保留图像中的灰阶，并且对于给单色图像上色和给彩色图像着色都会非常有用
明度	用基色的色相和饱和度以及混合色的明亮度创建结果色

13.3.4　图层蒙版的操作

蒙版是图像合成的重要技术，它可以隐藏或显示图像的特定部分，且具有非破坏性，不会损伤图像。

1. 创建蒙版

蒙版主要分为快速蒙版、矢量蒙版、剪贴蒙版、图层蒙版4种类型。

● **创建快速蒙版**：快速蒙版可以暂时在图像表面产生一种与保护膜类似的保护装置，是一种临时性的蒙版。单击工具箱底部的"以快速蒙版模式编辑"按钮◙或按Q键，进入快速蒙版编辑模式。使用绘画工具在图像中需要添加快速蒙版的区域涂抹，涂抹的区域呈半透明红色显示。再按Q键退出快速蒙版，未绘制的区域将转换为选区。创建快速蒙版时不会产生相应的附加图层，该类型蒙版主要用于快速处理当前选区。

● **创建矢量蒙版**：矢量蒙版是通过形状或路径制作蒙版来控制图像的显示区域，它只能作用于当前图层。创建矢量蒙版后，依然可以通过"直接选择工具" ▷ 对路径进行调整，从而使蒙版区域更精确。选中要创建矢量蒙版的图层，单击工具箱中的"钢笔工具"按钮 ⌀，在图像中合适位置绘制路径，执行"图层"｜"矢量蒙版"｜"当前路径"命令，即可。

● **创建剪贴蒙版**：剪贴蒙版由基底图层和内容图层两部分构成。基底图层用于定义最终图像的形状及范围，内容图层用于存放将要表现的图像内容。选中要被剪贴的图层，即内

容图层，执行"图层"|"创建剪贴蒙版"命令或按Alt+Ctrl+G组合键，将以相邻的下层图层为基底图层创建剪贴蒙版。用户也可以按住Alt键在"图层"面板两个图层相接处单击，创建图层蒙版。

- **创建图层蒙版：** 图层蒙版可以隐藏图像中的部分区域，且不损坏图像，创建图层蒙版后用户还可根据需要修改隐藏的部分。选中要添加图层蒙版的图层，单击"图层"面板底端的"添加图层蒙版"按钮 ，即可为选中的图层添加图层蒙版，如图13-38所示。设置前景色为黑色，使用"画笔工具" 在图层蒙版上进行绘制，绘制区域的内容将被隐藏，如图13-39所示。

图 13-38　　　　　　　　　　　　　　　　　图 13-39

> **✅知识点拨** 在选中路径的情况下，按住Ctrl键单击"图层"面板底部的"添加蒙版"按钮，创建矢量蒙版。

2. 停用和启用蒙版

在"图层"面板中右击图层蒙版缩览图，在弹出的快捷菜单中执行"停用图层蒙版"命令，或按住Shift键单击图层蒙版缩览图，可停用图层蒙版，停用的图层蒙版缩览图上会出现一个×，如图13-40所示。此时蒙版效果将不显示。

再次右击蒙版缩览图，在弹出的快捷菜单中执行"启用图层蒙版"命令，或按住Shift键单击图层蒙版缩览图，可启用图层蒙版，如图13-41所示。

图 13-40　　　　　　　　　　　　　　　　　图 13-41

3. 移动和复制蒙版

蒙版可以在不同的图层之间移动或复制，减少重复工作的时间。若要移动蒙版，选中要移动的蒙版缩览图，拖曳至其他图层即可。若要复制蒙版，选中要复制的蒙版缩览图，按住Alt键拖曳至其他图层即可。

⚠注意事项 按住Alt键单击蒙版缩览图，可隐藏图像信息，显示蒙版。

4. 删除和应用蒙版

在"图层"面板中右击要删除的蒙版缩览图，在弹出的快捷菜单中执行"删除图层蒙版"命令，或者拖动蒙版缩览图至"删除图层"按钮上，可删除图层蒙版。

应用蒙版类似于合并图层，执行该命令后可以永久删除图层的隐藏部分。在"图层"面板中右击蒙版缩览图，在弹出的快捷菜单中执行"应用图层蒙版"命令即可。

5. 将通道转换为蒙版

通道转换为蒙版的实质是将通道中的选区作为图层的蒙版，从而对图像的效果进行调整。在"通道"面板中按Ctrl键单击相应的通道缩览图，即可载入该通道的选区，切换至"图层"面板，选择要添加蒙版的图层，单击"添加图层蒙版"按钮 ▫ 即可。

动手练 合成趣味网页图像

📖 **案例素材**：本书实例/第13章/动手练/合成趣味网页图像

本练习将以趣味网页图像的合成为例，对蒙版、网页调色等操作进行介绍。具体操作步骤如下。

步骤01 打开本章素材文件"人.jpg"，如图13-42所示，按Ctrl+J组合键复制一层。

步骤02 使用"对象选择工具"🔲选取人物，使用"多边形套索工具"❯补充选取，如图13-43所示。

步骤03 单击"图层"面板底端的"添加图层蒙版"按钮 ▫ ，创建图层蒙版，如图13-44所示。

图 13-42   图 13-43   图 13-44

步骤04 打开本章素材文件"背景.jpg"，将人物蒙版图层拖曳至背景文档中，修改人物蒙版图层名称为"人"，如图13-45所示。

步骤 **05** 选中人图层，按Ctrl+T组合键自由变换，右击，在弹出的快捷菜单中执行"水平翻转"命令，翻转人物图像，调整至合适大小与位置，如图13-46所示。

图 13-45 图 13-46

步骤 **06** 新建"色相/饱和度1"调整图层，在"属性"面板中设置参数，如图13-47所示。

步骤 **07** 此时的图像效果如图13-48所示。

图 13-47 图 13-48

步骤 **08** 移动光标至"图层"面板中"色相/饱和度1"调整图层和"人"图层中间，按住Alt键单击创建剪贴蒙版，效果如图13-49所示。

步骤 **09** 使用相同的方法，新建"照片滤镜1"调整图层，在"属性"面板中设置参数，如图13-50所示。

图 13-49 图 13-50

步骤 **10** 创建剪贴蒙版，效果如图13-51所示。

步骤 **11** 选择"背景"图层，新建图层，选择"画笔工具"，在选项栏中设置"不透明度"

为20%、"流量"为10%，绘制人物阴影，如图13-52所示。

图 13-51　　　　　　　　　　　图 13-52

 选中"人"图层，执行"图像"|"调整"|"匹配颜色"命令，打开"匹配颜色"对话框，设置参数，如图13-53所示。完成后单击"确定"按钮，效果如图13-54所示。

图 13-53　　　　　　　　　　　图 13-54

 选择工具箱中的"加深工具" ，在人物左侧涂抹，根据背景图像加深暗部，使用"减淡工具" 在人物右侧涂抹，减淡亮部，效果如图13-55和图13-56所示。

图 13-55　　　　　　　　　　　图 13-56

至此完成趣味网页图像的合成。

13.4 调整网页图像

色彩在网页图像中扮演着至关重要的角色，影响着网页图像的视觉效果和信息传递，是网页图像中不可替代的部分。本节将对网页图像的色彩调整进行介绍。

13.4.1 色彩三要素

色彩三要素即色相、饱和度和明度，人眼看到的彩色光都是这三个要素综合的结果。

1. 色相

色相指色彩的相貌称谓，如红、蓝、绛紫、橙等，是区分颜色最准确的标准，是有彩色的最大特征。黑、白、灰以外的颜色都具有色相的属性。

最初的色相为红、橙、黄、绿、蓝、紫，各色之间添加一个中间色，就构成了十二色相，如图13-57和图13-58所示。

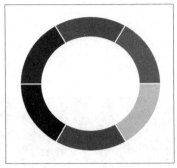
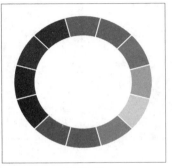

图 13-57 图 13-58

2. 饱和度

饱和度指色彩鲜艳的程度，又被称为纯度。纯度最高的色彩是原色，纯度越低，色彩越暗。不同色相所能达到的纯度是不同的，其中红色纯度最高，绿色纯度相对低些，其余色相居中。图13-59和图13-60所示为图像不同饱和度效果。

图 13-59 图 13-60

3. 明度

明度指色彩的明暗差别，不同明度的颜色可以表现不同的色彩层次感。色彩的明度有两种情况。

- 同一色相不同明度：如天蓝、湖蓝、深蓝，都是蓝，但一种比一种深。
- 不同色相不同明度：每一种纯色都有与其相应的明度，其中，白色明度最高，黑色明度最低，红、灰、绿、蓝色为中间明度。

13.4.2　常用图像调整命令

执行"图像"|"调整"命令，弹出的子菜单中包含多个命令，可以对图像的色调、亮度等参数进行调整，影响图像显示效果。常用命令包括以下内容。

- **亮度/对比度**：调整图像的亮度和对比度。图13-61和图13-62所示为调整前后效果。

图 13-61　　　　　　　　　　　　　　　图 13-62

- **色阶**：色阶是表示图像亮度强弱的指数标准。通过执行"色阶"命令可以校正图像的色调范围和色彩平衡。图13-63和图13-64所示为调整前后效果。

图 13-63　　　　　　　　　　　　　　　图 13-64

- **曲线**：通过调整曲线影响图像颜色和色调，使图像色彩更加协调。图13-65和图13-66所示为调整前后效果。

图 13-65　　　　　　　　　　　　　　　图 13-66

- **色相/饱和度：** 通过对图像的色相、饱和度和亮度进行调整，达到改变图像色彩的目的。而且还可以通过给像素定义新的色相和饱和度，实现灰度图像上色的功能，或制作单色调效果。
- **色彩平衡：** 调整图像整体色彩平衡，在彩色图像中改变颜色的混合，常用于纠正图像中明显的偏色问题，使整体色调更平衡。该命令只作用于复合颜色通道。
- **通道混合器：** 将图像中某个通道的颜色与其他通道中的颜色进行混合，使图像产生合成效果，从而调整图像色彩。
- **照片滤镜：** 模拟传统光学滤镜特效，使图像呈现不同的色调。
- **可选颜色：** 校正颜色的平衡，选择某种颜色范围进行针对性的修改，在不影响其他原色的情况下修改图像中的某种原色的数量。
- **阴影/高光：** 根据图像中阴影或高光的像素色调增亮或变暗，非常适合校正强逆光而形成剪影的照片，也适合校正由于太接近相机闪光灯而有些发白的焦点。
- **匹配颜色：** 将一个图像中的颜色与另一个图像的颜色进行匹配，仅适用于RGB模式。
- **替换颜色：** 使用其他颜色替换图像中某个区域的颜色，调整色相、饱和度和明度值。简单来说，"替换颜色"命令结合了"色彩范围"和"色相/饱和度"命令。

13.4.3 调整图层

调整图层是一类特殊的图层，具有和调整命令相似的作用，可作用于位于其下的所有图层，用户可以通过调整图层调整图像色彩色调，而不破坏原始图像。

1. 创建调整图层

调整图层具有与普通图层相同的不透明度和混合模式选项。用户可以重新排列、删除、隐藏和复制调整图层。

单击"图层"面板底部的"创建新的填充或调整图层"按钮 ，在弹出的快捷菜单中选择相应的调整图层即可，如图13-67所示。创建的调整图层默认具有图层蒙版，用户可以通过蒙版设置调整图层影响的区域。

图 13-67

2. 编辑调整图层

创建调整图层后，需要在"属性"面板中对调整图层的属性进行设置。选中"图层"面板

中的调整图层，执行"窗口"|"属性"命令，打开"属性"面板，如图13-68所示。在该面板中设置参数，将改变该图层下方图像图层的效果，如图13-69和图13-70所示。

图 13-68　　　　　　　　　　　图 13-69　　　　　　　　　　　图 13-70

不同调整图层的"属性"面板选项也有所不同，用户可以根据相应调整命令对话框中的选项进行设置。

动手练 网页图像调色

📖 **案例素材：本书实例/第13章/动手练/网页图像调色**

本练习将以网页图像调色为例，对阴影/高光、可选颜色等命令的应用进行介绍。具体操作步骤如下。

步骤 01 打开本章素材文件"道路.jpg"，如图13-71所示。按Ctrl+J组合键复制一层。

步骤 02 执行"图像"|"调整"|"曲线"命令，打开"曲线"对话框，单击"在图像中取样以设置白场"按钮 🖊，在图像中最白的位置单击，定义白场，如图13-72所示。

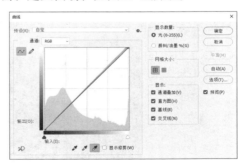

图 13-71　　　　　　　　　　　　　　图 13-72

步骤 03 完成后单击"确定"按钮，效果如图13-73所示。

步骤 04 执行"图像"|"调整"|"阴影/高光"命令，打开"阴影/高光"对话框，在该对话框中设置参数，如图13-74所示。

步骤 05 完成后单击"确定"按钮，效果如图13-75所示。

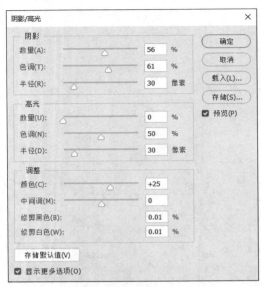

图 13-73

图 13-74

图 13-75

步骤 06 执行"图像"|"调整"|"可选颜色"命令，打开"可选颜色"对话框，在"颜色"下拉列表中选择红色，设置参数，如图13-76所示。

步骤 07 继续选择黄色，设置参数，如图13-77所示。

步骤 08 选择绿色，设置参数，如图13-78所示。

图 13-76

图 13-77

图 13-78

步骤 09 完成后单击"确定"按钮，效果如图13-79所示。

图 13-79

至此完成网页图像颜色的调整。

13.5　运用滤镜增强网页图像的效果

滤镜是一种强大的图像处理工具，它是通过一定的算法对图像中的像素进行分析和处理，从而完成对图像的部分或全部像素属性参数的调节或控制。使用滤镜，可以扩展图像编辑的可能性。

13.5.1　使用滤镜库

滤镜库中包含常用的6组滤镜，便于用户的使用与调整。执行"滤镜"|"滤镜库"命令，打开如图13-80所示的"滤镜库"对话框。从中选择滤镜进行设置即可。

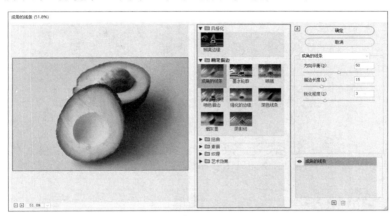

图 13-80

该对话框中常用滤镜组介绍如下。

- **画笔描边滤镜组**：模拟不同画笔和油墨描边的效果，创造出具有绘画效果的外观。
- **素描滤镜组**：根据图像中高色调、半色调和低色调的分布情况，使用前景色和背景色按特定的运算方式进行填充添加纹理，使图像产生素描、速写及三维的艺术效果。
- **纹理滤镜组**：为图像添加具有深度感和材料感的纹理，使图像具有质感。
- **艺术效果滤镜组**：模拟多种艺术手法，使普通的图像更具有艺术性。

13.5.2　风格化滤镜组

"风格化"滤镜组中的滤镜主要通过置换像素和查找并增加图像的对比度，创建绘画式或印象派艺术效果。执行"滤镜"|"风格化"命令，打开其子菜单，如图13-81所示。该滤镜组中各滤镜作用如下。

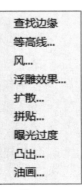

- **查找边缘**：查找图像对比度强烈的边界并对其描边，突出边缘。
- **等高线**：查找图像的主要亮度区域，并为每个颜色通道勾勒主要亮度区域的转换，以获得与等高线图中的线条类似的效果。
- **风**：通过添加细小水平线的方式模拟风吹的效果，如图13-82和图13-83所示。
- **浮雕效果**：通过勾勒图像轮廓、降低周围色值的方式使选区凸起或压低。

图 13-81

- **扩散：**通过移动像素，模拟通过磨砂玻璃观察物体的效果。
- **拼贴：**将图像分解为小块并使其偏离原来位置。
- **曝光过度：**混合正片和负片图像，模拟显影过程中短暂曝光照片的效果。
- **凸出：**通过将图像分解为多个大小相同且重叠排列的立方体，创建特殊的3D纹理效果。
- **油画：**创建具有油画效果的图像。
- **照亮边缘：**让图像产生比较明亮的轮廓线。

图 13-82　　　　　　　　　　图 13-83

13.5.3　模糊滤镜组

"模糊"滤镜组中的滤镜可以减少相邻像素间颜色的差异，使图像产生柔和、模糊的效果。执行"滤镜"|"模糊"命令，打开其子菜单，如图13-84所示。该组中各滤镜作用如下。

- **表面模糊：**在保留边缘的同时模糊图像，常用于创建特殊效果并消除杂色或颗粒。
- **动感模糊：**沿指定方向以指定速度进行模糊。
- **方框模糊：**基于相邻像素的平均颜色值模糊图像，生成类似方块状的特殊模糊效果。
- **高斯模糊：**快速模糊图像，添加低频细节，并产生一种朦胧效果，如图13-85和图13-86所示。
- **进一步模糊：**通过平衡已定义的线条和遮蔽区域的清晰边缘旁边的像素，使变化显得柔和。效果比"模糊"滤镜强3～4倍。
- **径向模糊：**模拟相机缩放或旋转产生的模糊效果。
- **镜头模糊：**模仿镜头景深效果，模糊图像区域。
- **模糊：**在图像中有显著颜色变化的地方消除杂色。通过平衡已定义的线条和遮蔽区域的清晰边缘旁边的像素，使变化显得柔和。
- **平均：**找出图像或选区的平均颜色，然后用该颜色填充图像或选区以创建平滑的外观。
- **特殊模糊：**精确模糊图像，在模糊图像的同时仍具有清晰的边界。

表面模糊...
动感模糊...
方框模糊...
高斯模糊...
进一步模糊
径向模糊...
镜头模糊...
模糊
平均
特殊模糊...
形状模糊...

图 13-84

● **形状模糊：**以指定的形状作为模糊中心创建特殊的模糊。

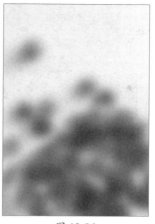

图 13-85   图 13-86

✅知识点拨 软件还有一个滤镜组效果，与"模糊"滤镜组相反，即"锐化"滤镜组，该组中的滤镜主要是通过增强图像相邻像素间的对比度，使图像轮廓分明、纹理清晰，以减弱图像的模糊程度。

13.5.4 扭曲滤镜组

    "扭曲"滤镜组中的滤镜对平面图像进行扭曲，使其产生旋转、挤压、水波和三维等变形效果。执行"滤镜"|"扭曲"命令，打开其子菜单，如图13-87所示。该组中各滤镜作用如下。

> 波浪...
> 波纹...
> 极坐标...
> 挤压...
> 切变...
> 球面化...
> 水波...
> 旋转扭曲...
> 置换...

图 13-87

● **波浪：**根据设定的波长和波幅产生波浪效果，如图13-88和图13-89所示。

● **波纹：**根据参数设定产生不同的波纹效果。

● **极坐标：**将图像从直角坐标系转化成极坐标系，或从极坐标系转化为直角坐标系，产生极端变形效果。

● **挤压：**使全部图像或选区图像产生向外或向内挤压的变形效果。

● **切变：**根据用户在对话框中设置的垂直曲线使图像发生扭曲变形。

● **球面化：**使图像区域膨胀实现球形化，形成类似将图像贴在球体或圆柱体表面的效果。

● **水波：**模仿水面上产生的起伏状波纹和旋转效果，用于制作同心圆类的波纹。

● **旋转扭曲：**使图像发生旋转扭曲，中心的旋转程度大于边缘的旋转程度。

● **置换：**使用另一个PSD文件确定如何扭曲选区。

● **玻璃：**该滤镜收录于滤镜库中，通过该滤镜能模拟透过玻璃观看图像的效果。

● **海洋波纹：**该滤镜收录于滤镜库中，可以为图像表面增加随机间隔的波纹，使图像产生类似海洋表面的波纹效果，有"波纹大小"和"波纹幅度"两个参数值。

● **扩散亮光：**该滤镜收录于滤镜库中，通过该滤镜能使图像产生光热弥漫的效果，用于表现强烈光线和烟雾效果。

图 13-88   图 13-89

13.5.5 像素化滤镜组

"像素化"滤镜组中的滤镜可以通过将图像中相似颜色值的像素转化成单元格的方法，使图像分块或平面化，将图像分解成肉眼可见的像素颗粒，如方形、不规则多边形和点状等，视觉上看就是图像被转换成由不同色块组成的图像。执行"滤镜"|"像素化"命令，打开其子菜单，如图13-90所示。该组中各滤镜作用如下。

> 彩块化
> 彩色半调…
> 点状化…
> 晶格化…
> 马赛克
> 碎片
> 铜版雕刻…
>
> 图 13-90

- **彩块化**：使纯色或相近颜色的像素结成相近颜色的像素块。
- **彩色半调**：分离图像中的颜色，模拟在图像的每个通道上使用放大的半调网屏的效果。
- **点状化**：分解图像中的颜色为随机分布的网点。
- **晶格化**：集中图像中颜色相近的像素到一个多边形网格中，产生晶格化效果。
- **马赛克**：将图像分解成许多规则排列的小方块，模拟马赛克效果，如图13-91和图13-92所示。
- **碎片**：将图像中的像素复制4遍，然后将它们平均位移并降低不透明度，从而形成一种不聚焦的"四重视"效果。
- **铜板雕刻**：将图像转换为黑白区域的随机图案或彩色图像中完全饱和颜色的随机图案。

图 13-91   图 13-92

动手练 网页图像内容添加

📖 **案例素材：本书实例/第13章/动手练/网页图像内容添加**

本练习将以网页图像内容的添加为例，介绍"置换"滤镜的应用。具体操作如下。

步骤 01 打开本章素材文件"T恤.jpg"，如图13-93所示。将其保存为PSD格式。

步骤 02 执行"文件"|"置入嵌入的对象"命令，置入本章素材文件"图案.png"，调整至合适大小和位置，如图13-94所示。

图 13-93　　　　　　　　　　　　　图 13-94

步骤 03 选中置入的"图案"图层，执行"滤镜"|"扭曲"|"置换"命令，打开"置换"对话框，设置参数，如图13-95所示。

步骤 04 设置完成后单击"确定"按钮，打开"选择一个置换图"对话框，选择保存的PSD文件，如图13-96所示。

图 13-95　　　　　　　　　　　　　图 13-96

步骤 05 完成后单击"打开"按钮，应用"置换"滤镜效果，如图13-97所示。

步骤 06 按Ctrl+Shift+Alt+E组合键盖印图层，按Ctrl+M组合键打开"曲线"对话框，设置参数，如图13-98所示。

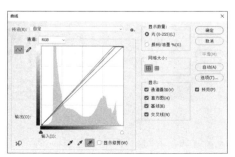

图 13-97　　　　　　　　　　　　　图 13-98

步骤 07 完成后单击"确定"按钮，效果如图13-99所示。

图 13-99

至此完成网页图像内容的添加。

⚛ 综合实战：制作线上课程封面

📖 **案例素材：本书实例/第13章/案例实战/制作线上课程封面**

本案例将以网站课程封面的制作为例，对滤镜的应用、文字的添加、图层的编辑操作等进行介绍。具体操作步骤如下。

步骤 01 新建一个1920px×1080px的空白文档，将本章素材文件"水果.jpg"拖曳至该文档中，调整合适大小，如图13-100所示。

步骤 02 选择置入的素材文件，按Ctrl+J组合键复制一层。选中复制图层，执行"滤镜"|"模糊"|"特殊模糊"命令，打开"特殊模糊"对话框，设置参数，如图13-101所示。

图 13-100

图 13-101

步骤 03 完成后单击"确定"按钮，效果如图13-102所示。

步骤 04 执行"滤镜"|"滤镜库"命令，打开"滤镜库"对话框，选择"艺术效果"滤镜

组中的"水彩"滤镜,设置参数,如图13-103所示。

图 13-102   图 13-103

步骤 05 单击"滤镜库"对话框右下角的"新建效果图层"按钮田,创建新图层,选择"艺术效果"滤镜组中的"绘画涂抹"滤镜,设置参数,如图13-104所示。

步骤 06 完成后单击"确定"按钮,效果如图13-105所示。

图 13-104   图 13-105

步骤 07 执行"滤镜"|"杂色"|"添加杂色"命令,打开"添加杂色"对话框,设置参数,如图13-106所示。

步骤 08 完成后单击"确定"按钮,增加图像质感,如图13-107所示。至此,完成背景的制作。

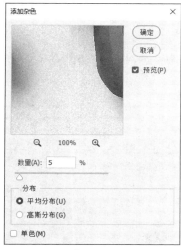 

图 13-106   图 13-107

步骤 09 执行"文件"|"置入嵌入的对象"命令，置入本章素材文件"标志.png"，调整至合适大小与位置，如图13-108所示。

步骤 10 选择工具箱中的"矩形工具" ▭ ，在选项栏中设置填充为浅绿色（＃9EC559）、"描边"为无、"圆角半径"为50像素，在图像编辑窗口中合适位置绘制圆角矩形，在"图层"面板中调整其"不透明度"为60%，效果如图13-109所示。

图 13-108

图 13-109

步骤 11 选择"横排文字工具" T ，在选项栏中设置字体为"StarLoveMarker"、字号为36点、颜色为橙色（＃F8A33C），在图像编辑窗口中合适位置输入文字，如图13-110所示。

步骤 12 在"图层"面板中双击文字图层空白处，打开"图层样式"对话框，设置描边参数，如图13-111所示。

图 13-110

图 13-111

步骤 13 完成后单击"确定"按钮，效果如图13-112所示。

步骤 14 选中文字图层，按Ctrl+J组合键复制，调整至原文字图层下方，向下移动复制图层并设置文字颜色为深橙色（＃AC5629），如图13-113所示。

图 13-112

图 13-113

步骤15 选中下方的文字图层，执行"滤镜"|"模糊"|"高斯模糊"命令，在弹出的提示对话框中单击"转换为智能对象"按钮，打开"高斯模糊"对话框，设置参数，如图13-114所示。

⚠注意事项 文字图层等特殊图层不能直接应用滤镜效果，用户可将文字图层转换为智能对象图层或栅格化后再应用滤镜效果。

步骤16 完成后单击"确定"按钮，效果如图13-115所示。

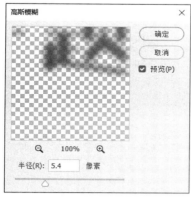

图 13-114

图 13-115

步骤17 使用"横排文字工具" **T** 输入其他文字，调整颜色和字号，如图13-116所示。

步骤18 选择"椭圆工具" ⬭，在选项栏中设置填充为浅绿色（＃9EC559）、"描边"为无，按住Shift键在图像编辑窗口中合适位置绘制正圆，在"图层"面板中调整顺序，使其位于文字图层下方，效果如图13-117所示。

图 13-116

图 13-117

至此完成线上课程封面的制作。

QA 新手答疑

1. Q: 怎么微调选区边界?

　A: 使用方向键同样可以移动选区边界。按方向键可以每次以1像素为单位移动选区,若按Shift键的同时按方向键,则每次将以10像素为单位移动选区。要注意的是,在移动选区时,若选区位于"背景"图层中,原选区区域将会被背景色覆盖;若选区所在图层为普通图层,则原选区区域变为透明区域。

2. Q: 怎么选择多个图层?

　A: 若想选择多个连续的图层,可以在选中一个图层后,按住Shift键单击要选择的最后一个图层,即可选中两个图层间的所有图层。按住Ctrl键的同时单击需要选择的图层,可以选择非连续的多个图层。

3. Q: 怎么创建图案?

　A: 选择"矩形选框工具",在选项栏中设置"羽化"值为0,在图像编辑窗口中拖曳光标选取图像区域。执行"编辑"|"定义图案"命令,打开"图案名称"对话框,在该对话框中设置名称并保存即可。

4. Q: 怎么通过选区创建蒙版?

　A: 当图层中存在选区时,在"图层"面板中选择该图层,单击面板底部的"添加图层蒙版"按钮 ▫ ,选区内的图像将被保留,而选区外的图像被隐藏。

5. Q: 怎么单独操作图层蒙版?

　A: 解除图像和蒙版的链接即可。在"图层"面板中单击图像缩览图和蒙版缩览图之间的"指示图层蒙版链接到图层"按钮 ⑧ ,解除链接;再次单击,可重新链接图像和蒙版。

6. Q: 怎么制作单色调图像效果?

　A: 执行"图像"|"调整"|"色相/饱和度"命令或按Ctrl+U组合键,打开"色相/饱和度"对话框,勾选"着色"复选框,则可通过调整色相和饱和度,让图像呈现多种富有质感的单色调效果。

7. Q: 同样一幅图,使用"滤镜库"中的"便条纸"滤镜怎么效果不一样?

　A: "滤镜库"对话框中的"素描"滤镜组中的滤镜效果受前景色和背景色的影响,在添加该滤镜组中的效果之前,可以先设置前景色与背景色,以得到满意的图像效果。

8. Q: 怎么同时变换选区及选区内对象?

　A: 创建选区后,按Ctrl+T组合键自由变换即可。

Dreamweaver
HTML Flash
Photoshop

第14章
网页元素的
设计

网页元素是构成网页内容和布局的基本组成部分，在网页中扮演着至关重要的角色。不同类型的网页元素的作用也有所不同，如文字主要用于传递信息、表达观点等。本章将对网页中元素的设计进行介绍。

要点难点
- 网页文字的设计与编辑
- 标志和图标的设计
- 按钮和导航条的设计
- 网页广告的设计
- 网页切片及输出

14.1 设计网页文字

文字是网页最基本的内容元素，可用于提供信息、引导用户浏览网页内容等。在Photoshop中，用户可以通过多种方式输入并编辑文字，本节将对此进行介绍。

14.1.1 输入和编辑文字

输入文字后，可以根据视觉需要对文字进行编辑，以获得更佳的视觉效果。下面对文字的输入和编辑进行介绍。

1. 文字工具

Photoshop软件中包括4种文字工具："横排文字工具" T 、"直排文字工具" IT 、"直排文字蒙版工具" IT 和 "横排文字蒙版工具" T 。其中，"横排文字工具" T 和 "直排文字工具" IT 可以创建横向或竖向排列的文本，"直排文字蒙版工具" IT 和 "横排文字蒙版工具" T 可以创建文字选区。

2. 创建文本

点文本和段落文本是两种常见的文本类型。点文本是水平或垂直的文字，使用文字工具在图像编辑窗口中单击输入的文字即为点文本；段落文本具有边界，用户可在边界围住的文本框中输入文字。

（1）创建点文本

当需要在图像中添加少量文字时，可以选择创建点文本。选中文字工具，在选项栏中设置文字的字体和字号，在图像编辑窗口中合适位置单击，此时在图像中出现相应的文本插入点，输入文字即可。图14-1和图14-2所示为使用 "横排文字工具" T 创建点文本的效果。

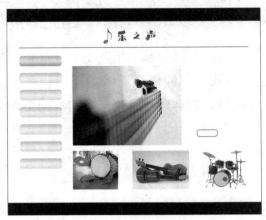

图 14-1

图 14-2

> ⚠️**注意事项** 点文本不会自动换行，输入的文字越多，文字行越长。若想换行，移动光标至要换行的位置，按Enter键即可。

文字输入完成后，单击选项栏中的 ✓ 按钮或按Ctrl+Enter组合键可退出文字编辑状态，用户也可以选择切换其他工具或在 "图层" 面板中文字图层上单击结束输入。

（2）创建段落文本

段落文本适用于需要输入较多文字的情况。与点文本相比，段落文本会基于文本框的尺寸自动换行。选择工具箱中的"横排文字工具" T，在图像编辑窗口中的合适位置按住鼠标左键拖曳绘制文本框，文本插入点会自动插入到文本框前端，输入文字，当文字到达文本框的边界时会自动换行，如图14-3和图14-4所示。如果文字需要分段，按Enter键即可。

图 14-3

图 14-4

若输入的文字过多超出文本框范围，会导致文字内容不能完全显示在文本框中，此时可以将光标移动到文本框四周的控制点上拖动光标调整文本框大小，使文字全部显示在文本框中。

✅ **知识点拨** 缩放文本框时，其中的文字会根据文本框的大小自动调整换行。若文本框无法容纳输入的文本，其右下角的方形控制点中会显示 ⊞ 符号。

3. "字符"面板编辑文字

"字符"面板可以对文字的字体、字号、行间距、竖向缩放、横向缩放、比例间距、字符间距和字体颜色等进行精确设置。执行"窗口"|"字符"命令，打开"字符"面板，如图14-5所示。

该面板中部分常用选项作用如下。

图 14-5

- **搜索和选择字体**：用于选择需要的字体。
- **设置字体大小** ⏉T：用于设置字体大小。
- **设置行距** ⏉A：用于设置文字行之间的间距。
- **垂直缩放** ⏉T：用于设置文字垂直缩放比例，即文字高度。
- **水平缩放** ⏉：用于设置文字水平缩放比例，即文字宽度。
- **设置基线偏移** A⏉：用于设置文字在默认高度基础上向上（正）或向下（负）偏移。
- **颜色**：用于设置文字颜色。
- **设置文字样式** T T TT Tr T¹ T₁ T Ŧ：用于设置文字样式，单击相应按钮即可为文字添加一定的特殊效果。从左到右依次为仿粗体、仿斜体、全部大写字母、小型大写字母、上标、下标、下画线和删除线。

4."段落"面板编辑文字

"段落"面板中可以对段落的属性进行设置，如对齐、缩进等。执行"窗口"|"段落"命令，打开"段落"窗口，如图14-6所示。

该面板中部分常用选项作用如下。

- **对齐方式按钮组** ：用于设置段落对齐方式。
- **缩进方式按钮组：** 用于设置段落文本缩进方式。
- **添加空格按钮组：** 用于设置段落与段落之间的间隔距离。
- **避头尾法则设置：** 用于将换行集设置为宽松或严格。
- **间距组合设置：** 用于设置内部字符集间距。
- **连字：** 勾选该复选框可将文字的最后一个英文单词拆开，形成连字符号，剩余的部分则自动换到下一行。

图 14-6

5. 文字变形

变形文字可以使文字在垂直和水平方向上发生改变，使其效果更加多样化。创建文字后，在文字工具的选项栏中单击"创建文字变形"按钮 或执行"文字"|"文字变形"命令，即可打开"变形文字"对话框，如图14-7所示。

该对话框中各选项作用如下。

- **样式：** 用于设置文字变形样式，包括扇形、下弧、上弧、拱形、凸起、贝壳、花冠、旗帜、波浪、鱼形、增加、鱼眼、膨胀、挤压和扭转等15种。
- **水平/垂直：** 用于调整变形文字的方向。
- **弯曲：** 用于指定对图层应用的变形程度。
- **水平扭曲：** 用于设置文字在水平方向上的扭曲程度。
- **垂直扭曲：** 用于设置文字在垂直方向上的扭曲程度。

图 14-7

14.1.2 路径文字

路径文本沿着路径排列，改变路径形状时，文字的排列也会随之变化。创建路径文本之前，需要先在图像中添加路径。图14-8所示为绘制的一段开放路径。选择"横排文字工具" **T**，移动光标至路径上，待光标变为 状时单击，输入文字即可，如图14-9所示。

图 14-8

图 14-9

单击工具箱中的"路径选择工具" 或"直接选择工具" ，将光标移动至路径文本上，

待光标变为 ⟨状时，按住鼠标左键拖曳，即可移动文字起始位置，如图14-10所示。按住鼠标左键向路径的另一侧拖曳，待光标变为 ⟨状时，可将文字翻转至路径另一侧，如图14-11所示。

图 14-10

图 14-11

若路径为闭合路径，还可在路径内部创建区域路径文本。

用户还可以将文本转换为路径，以便对文字外观进行更多的设计与编辑，呈现出更多的效果。选中输入的文字，右击，在弹出的快捷菜单中执行"创建工作路径"命令或执行"文字"|"创建工作路径"命令，如图14-12和图14-13所示。

图 14-12

图 14-13

转换为工作路径后，可以使用"直接选择工具" ▷调整文字路径，还可以将路径转换为选区，制作更丰富的效果。

✔知识点拨 将文字转换为工作路径后，原文字图层保持不变，可继续进行编辑。

14.2 设计标志和图标

标志和图标是网页设计中不可或缺的元素，它们通过增强品牌识别、提升用户体验、节省空间和跨越语言障碍等方式，共同作用于提升网站的整体效果和用户满意度。下面对其制作进行介绍。

14.2.1 制作网站标志

标志在网站中不仅仅是一个图形符号，而是品牌识别、信任建立和用户体验的重要组成部分。在网站中，标志帮助访问者迅速识别和记住品牌。通过在每个页面的显著位置展示一致的标志设计，可以加强品牌在用户心中的形象，有助于提升品牌的知名度和影响力。下面通过AIGC技术制作标志。

描述词：你是一位网页设计师，现在需要为一个读书网站设计LOGO，要求背景为浅色，带有书籍元素，典雅端正，简洁易懂。

生成内容：软件将自动生成如图14-14所示的内容。单击"重绘"按钮可重新生成内容，如图14-15和图14-16所示。

图 14-14　　　　　　　　　　图 14-15　　　　　　　　　　图 14-16

14.2.2　制作页面图标

访问网站时，可以在网站中观察到许多精美图标，其作用不仅限于美化界面，更重要的是它们通过提高直观性、节省空间、增强用户体验等方式，提升网站的整体功能性和可用性。下面通过AIGC制作图标。

描述词：你是一位网页设计师，现在需要为一家科技网站设计网站图标，要求时尚且具有科技感。

生成内容：软件将自动生成如图14-17所示的内容（生成的内容为随机生成，仅作示例）。

单击生成内容中的"查看"按钮，软件将自动放大并显示选项以便进一步调整。图14-18所示为放大图14-17中左上角部分图片的效果。单击"变化"按钮，将在选定图的基础上继续生成内容。图14-19所示为选定图14-17中左上角部分图片继续生成的效果。

图 14-17　　　　　　　　　　图 14-18　　　　　　　　　　图 14-19

14.3 设计按钮和导航条

　　网页按钮和导航条是用户与网站交互的核心部分，直接影响用户体验和网站功能。其主要作用是链接目标文件，本节将对其制作进行介绍。

14.3.1 绘制网页按钮

　　网页按钮是用户与网站交互的基本方式之一，它们是网页上可点击的元素，一般用于执行特定的命令或操作。良好设计的按钮不仅能够吸引用户的注意，还能使网站的导航更加直观和易于使用。

　　网页按钮有多种类型，按照功能大致可以分为两种：一种是具有提交功能的按钮，用于提交表单数据到服务器；另一种是具有链接功能的按钮，看起来是按钮，实质上是链接，通常用于导航，点击时，会将用户带到另一个页面或网站的不同部分。

动手练 制作下载按钮

　　📖 **案例素材：** 本书实例/第14章/动手练/制作下载按钮

　　下面以下载按钮的制作为例介绍图形的绘制。具体操作如下。

　　步骤01 打开Photoshop软件，新建一个400px×300px大小、分辨率为72PPI、背景为白色的空白文档。新建"图层1"，选择矩形工具，在选项栏中选择路径选项，设置"半径"为15px，在图像编辑窗口中绘制圆角矩形，按Ctrl+Enter组合键，将路径转换为选区，如图14-20所示。

　　步骤02 选择渐变工具，设置渐变颜色从左至右分别为"#2C84C2""#1F76B9""#3892CA""#3892CA"。在圆角矩形选区中拖曳，绘制线性渐变，效果如图14-21所示。按Ctrl+D组合键取消选区。

图 14-20

图 14-21

　　步骤03 单击"图层"面板底部的"添加图层样式"按钮，选择"投影"选项，打开"图层样式"对话框，设置投影样式参数，如图14-22所示。

　　步骤04 选择"内阴影"选项卡，设置内阴影颜色为"#185687"，继续设置其他参数，如图14-23所示。

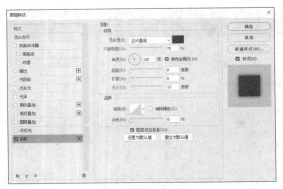

图 14-22

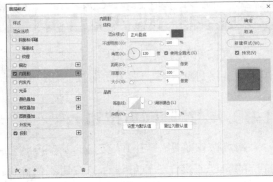

图 14-23

步骤 05 设置完成后，单击"确定"按钮，效果如图14-24所示。新建"图层2"，按住Ctrl键的同时单击"图层1"，调出"图层1"的选区。

步骤 06 执行"选择"|"修改"|"收缩"命令，打开"收缩选区"对话框，设置"收缩量"为10px，如图14-25所示。完成后单击"确定"按钮。

图 14-24

图 14-25

步骤 07 选择"渐变工具"，设置渐变颜色从左至右分别为白色（#FFFFFF）、白色（#FFFFFF），透明度为60%、10%，在圆角矩形选区中拖曳绘制线性渐变，效果如图14-26所示。按Ctrl+D组合键取消选区。

步骤 08 选择"钢笔工具"，在选项栏中选择路径选项，绘制一个路径，按Ctrl+Enter组合键，将路径转化成选区，如图14-27所示。

图 14-26

图 14-27

步骤 09 按Delete键删除图像,按Ctrl+D组合键取消选区,效果如图14-28所示。

步骤 10 选择矩形工具,设置前景色为白色,在选项栏中选择形状选项,在图像编辑窗口中绘制白色矩形,按Ctrl+T组合键自由变换,旋转方向,调整位置,按Enter键应用变换,效果如图14-29所示。

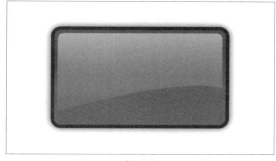

图 14-28

图 14-29

步骤 11 多复制几个形状图层,调整位置,选中形状图层,按Ctrl+E组合键合并图层,命名为"图层3",设置图层混合模式为"柔光"、"不透明度"为30%,效果如图14-30所示。将"图层3"栅格化。

步骤 12 按住Ctrl键同时单击"图层1",调出"图层1"选区,执行"选择"|"修改"|"收缩"命令,将选区收缩5px。执行"选择"|"反选"命令,按Delete键删除选区中的图像,按Ctrl+D组合键取消选区。选择"文字工具",输入文本,设置文字样式,最终效果如图14-31所示。

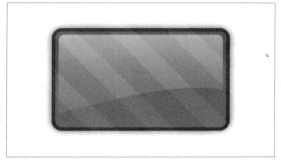

图 14-30

图 14-31

14.3.2 绘制网页导航条

网页导航条(Nav Bar)是网页设计中的一个关键组件,一般位于页面的顶部或侧边。它提供了一系列的链接,这些链接指向网站上的主要部分或页面,如首页、产品页面、品牌故事、联系方式等。

导航条的目的是提供一个直观、易于访问的方式,帮助用户快速找到他们感兴趣的信息,从而提升用户体验和网站的可用性。

动手练 制作电影网站首页导航条

下面以电影网站首页导航条为例介绍滤镜的应用。具体操作步骤如下。

步骤 01 打开Photoshop软件，新建一个700px×150px大小、分辨率为72PPI、背景为白色的空白文档。设置前景色为"#FFFFDD"，按Alt+Delete组合键填充前景色。执行"滤镜"|"杂色"|"添加杂色"命令，打开"添加杂色"对话框进行设置，如图14-32所示。

步骤 02 设置完成后单击"确定"按钮，画布显示效果如图14-33所示。

图 14-32　　　　　　　　　　　　　　　　　　图 14-33

步骤 03 新建"图层1"，选择"矩形选框工具"绘制一个矩形选框，填充颜色为"#21221F"，按Ctrl+D组合键取消选区，如图14-34所示。

步骤 04 新建"图层2"，选择矩形选框工具，绘制一个矩形选框，填充颜色为"#009CFF"，按Ctrl+D组合键取消选区，如图14-35所示。

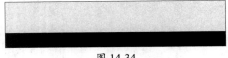　　　　　

图 14-34　　　　　　　　　　　　　　　　　　图 14-35

步骤 05 新建"图层3"，选择"矩形选框工具"绘制一个矩形选框，选择"渐变工具"，设置渐变颜色从左至右分别为"#FF6E02""#FFFF00""#FF6D00"，在矩形选框中绘制渐变颜色，效果如图14-36所示。

步骤 06 新建"图层4"，选择"椭圆形选框工具"，设置"羽化"值为10像素、前景色为黑色，按Alt+Delete组合键填充前景色，如图14-37所示。

图 14-36　　　　　　　　　　　　　　　　　　图 14-37

步骤 07 取消选区，设置图层"不透明度"为45%，删除图像右半边多余部分，制作阴影分割效果，如图14-38所示。

步骤 08 复制椭圆阴影图层，调整位置，效果如图14-39所示。

图 14-38　　　　　　　　　　　　　　　　　　图 14-39

步骤 09 输入文本，导入其他素材文件，最终效果如图14-40所示。

图 14-40

14.4 设计网页广告

网页广告在网页中非常常见，其形式包括Banner、通栏广告、全屏广告等。这些广告有助于传播品牌形象，促进品牌传播。下面对网页广告进行介绍。

14.4.1 制作Banner

Banner（横幅广告）是一种常见的网页元素，一般出现在网站的顶部、侧边或页面内容之间。它可以是静态的图片，也可以是动态的内容，其主要作用如下。

- **传递信息：** Banner通常用于传达网站或企业认为重要的信息，如促销信息、特殊活动、新产品发布或其他重要通知。
- **促进品牌宣传：** 通过在Banner中展示品牌的标志、标语和核心价值观，可以加强品牌形象的塑造和宣传。
- **增加用户参与度：** 精心设计的Banner不仅能吸引用户的目光，还能激发用户的好奇心，促使他们点击以获取更多信息，这可以有效提升用户的参与度和页面的互动性。
- **提升转化率：** 对于商业网站来说，Banner是促销和提高销售的重要工具。通过展示特价商品、限时优惠等信息，Banner可以有效引导用户进行购买，从而提升网站的转化率。

动手练 制作茶文化网站首页Banner

下面以茶文化网站首页Banner的制作为例，介绍图层样式的应用。具体操作如下。

步骤 01 打开Photoshop软件，新建一个900px × 400px大小、分辨率为72PPI、背景为白色的空白文档。导入素材文件，调整合适大小和位置，如图14-41所示。

步骤 02 置入兰花和树枝素材，调整合适大小和位置，设置兰花素材的"不透明度"为45%，树枝素材的混合模式为"正片叠底"，效果如图14-42所示。

图 14-41

图 14-42

步骤 03 使用文字工具，输入文字"茶"，双击文字图层名称空白处，打开"图层样式"对话框，选择"斜面和浮雕"选项卡，设置参数，如图14-43所示。

步骤 04 选择"投影"选项卡，设置参数，如图14-44所示。

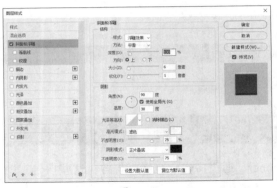

图 14-43

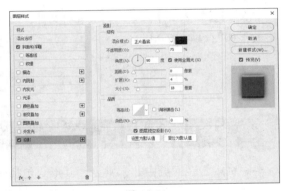

图 14-44

步骤05 选择"描边"选项卡，设置描边颜色为"#FFFFFF"，继续设置其他参数，如图14-45所示。

步骤06 完成后单击"确定"按钮，效果如图14-46所示。

步骤07 使用"直排文字工具"输入文字，效果如图14-47所示。

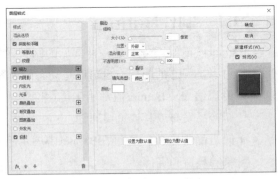

图 14-45

图 14-46

图 14-47

14.4.2　制作网页通栏广告

网页通栏广告是一种广泛应用于网站上的广告形式，其特点是横跨整个网页的宽度，提供一个视觉上引人注目的展示空间。通栏广告通常位于网页的头部、底部或内容区域中间，可以包含图像、文字、动画或视频等内容。

通栏广告是一种有效的广告形式，通过其显著的位置和大小，能够有效吸引用户注意力，提升品牌或产品的曝光度，促进用户互动和提高转化率。

动手练 制作鞋类产品促销通栏广告

本案例将以鞋类产品促销通栏广告制作为例，介绍蒙版、绘图等工具的使用。具体操作如下。

步骤01 打开Photoshop软件，新建一个900px×150px大小、分辨率为72PPI、背景为白色的空白文档。导入素材文件，调整合适大小和位置，如图14-48所示。

步骤 02 新建"图层1"，选择"矩形选框工具"绘制矩形选框，设置前景色为"#D5D8DA"，按Alt+Delete组合键填充前景色，按Ctrl+D组合键取消选区，如图14-49所示。

图 14-48

图 14-49

步骤 03 新建"图层2"，选择"钢笔工具"，在选项栏中选择路径选项，绘制路径，按Ctrl+Enter组合键，将路径转化成选区，选择"渐变工具"，设置渐变颜色分别为"#85898B""#CFD1D2"，在选区中拖曳，填充渐变，按Ctrl+D组合键取消选区，如图14-50所示。

步骤 04 新建"图层3"，选择"矩形选区工具"绘制矩形选区，填充渐变颜色分别为"#C3C4C6""#E7E7E8"，如图14-51所示。

图 14-50

图 14-51

步骤 05 新建"图层4"，选择"钢笔工具"，设置前景色为白色，绘制形状，栅格化图层，设置图层"不透明度"为45%，制作高光部分，如图14-52所示。

步骤 06 新建"图层5"，使用相同的方法制作顶部，设置"不透明度"为90%，如图14-53所示。

图 14-52

图 14-53

步骤 07 绘制顶灯部分，选择"椭圆工具"，设置前景色为"#ABABAE"，绘制椭圆形状，栅格化图层，然后在设置前景色为白色（#FFFFFF），绘制稍微小的椭圆形状，选择椭圆形状图层，按Ctrl+E组合键，合并图层，命名为"顶灯"，效果如图14-54所示。

步骤 08 选择椭圆工具，设置前景色为白色（#FFFFFF），绘制椭圆形状，栅格化图层，命名为"灯光"，如图14-55所示。

图 14-54

图 14-55

步骤 09 单击"图层"面板底部的"添加图层蒙版"按钮，选择"渐变工具"，添加图层蒙版，效果如图14-56所示。

步骤 10 复制"灯光"图层并调整图层"不透明度"为30%，调整图层蒙版，效果如图14-57所示。

图 14-56

图 14-57

步骤 11 使用相同的方法，制作底部灯光投影，如图14-58所示。

步骤 12 选中顶灯至"投影"图层，按Ctrl+G组合键编组，并修改组名称为"灯"，复制组，向右依次移动，效果如图14-59所示。

图 14-58

图 14-59

步骤 13 将鞋子素材添加至文档中合适位置，如图14-60所示。

步骤 14 选择文字工具，输入文字后栅格化文字图层，使用"钢笔工具"在文字上绘制形状变形文字效果，如图14-61所示。

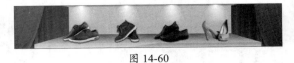

图 14-60

图 14-61

步骤 15 参照前面的制作方法，输入文字，添加其他元素，最终效果如图14-62所示。

图 14-62

14.5 设计网页并输出

网页设计是网站建设的重要组成部分，Photoshop为网页设计提供了强大的图像处理和编辑平台，是网页设计的核心工具之一。

14.5.1 制作网站首页

网站首页是访问者进入网站最先看到的页面，是网站最重要的单个页面之一，其设计和内容会给访问者留下深刻的第一印象，决定了访问者是否会继续浏览网站的其他部分。其主要作用如下。

- **建立品牌形象**：网站首页是展示品牌形象、价值观和专业性的绝佳页面。通过使用企业的标志、品牌色彩和专业的图片，可以帮助企业树立和强化品牌形象。
- **提供导航指引**：首页通常包含导航菜单或链接，引导访问者快速找到他们感兴趣的信息或服务。
- **吸引并保持用户注意力**：通过吸引人的视觉设计、引人入胜的内容和明确的呼吁行动（CTAs），首页可以吸引访问者的注意力，并激励他们继续探索网站。
- **传达关键信息**：首页可以清晰地传达网站的主要信息和价值主张，包括公司提供的产品或服务、核心优势以及如何满足访问者的需求等。
- **促进互动和转化**：通过设计有效的呼吁行动按钮（如"购买""了解更多""注册"等），首页可以激励用户进行特定的行动，从而促进潜在客户的转化。

动手练 制作美食网站首页

本案例将以美食网站首页的制作为例，介绍Photoshop软件的使用。具体操作如下。

步骤01 打开Photoshop软件，新建一个1000px × 650px大小、分辨率为72PPI、背景为白色的空白文档。新建"图层1"，选择"渐变工具"，设置渐变颜色为"#B7E1E6""#FFFFFF"，应用渐变填充，如图14-63所示。

步骤02 将素材图像"云""海"添加至画板，如图14-64所示。

图 14-63

图 14-64

步骤03 新建"图层2"，选择"钢笔工具"，在选项栏中选择路径选项，绘制路径，按Ctrl+Enter组合键将路径转化成选区。选择"渐变工具"，设置渐变颜色为"#DCFAFC""#B7E1E6"，在选区内拖曳，应用渐变填充，效果如图14-65所示。

步骤04 按Ctrl+D组合键取消选区，双击图层名称空白处，打开"图层样式"对话框，选择"投影"选项卡，设置参数，如图14-66所示。

图 14-65

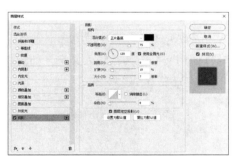

图 14-66

步骤05 选择"斜面和浮雕"选项卡，设置参数，如图14-67所示。

步骤06 设置完成后单击"确定"按钮，效果如图14-68所示。

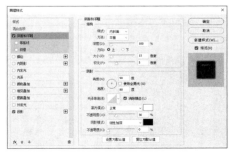

图 14-67

图 14-68

步骤 07 复制"图层2"，使用"移动工具"，向右移动，重复多次，效果如图14-69所示。选中"图层2"及其副本，按Ctrl+E组合键合并图层。

步骤 08 使用相同的方法，制作其他图像，效果如图14-70所示。

图 14-69

图 14-70

步骤 09 新建"图层4"，选择"矩形选区工具"绘制矩形选区，填充颜色为"#438044"，并设置投影，如图14-71所示。

步骤 10 复制图层，使用"移动工具"，依次向右移动，合并复制图层。然后选择"文字工具"，输入文字，如图14-72所示。

图 14-71

图 14-72

步骤 11 新建"图层5"，选择"钢笔工具"绘制路径，并转化成选区，设置前景色为"#60968A"，按Alt+Delete组合键填充前景色，取消选区，效果如图14-73所示。

步骤 12 使用文字工具，输入文字，如图14-74所示。

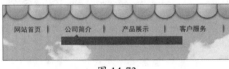

图 14-73

图 14-74

步骤 13 将图像素材LOGO添加至画板，调整大小及位置，如图14-75所示。

步骤 14 新建"图层6"，设置前景色为白色，选择"矩形工具"绘制矩形图像，并将其栅格化，然后设置图层"不透明度"为60%，效果如图14-76所示。

图 14-75

图 14-76

步骤 15 将图像素材"草""人""美食"添加至画板，调整位置及大小，如图14-77所示。

步骤 16 选择"自定义形状工具"，选择会话2图形绘制，栅格化图层，命名为"会话"，效果如图14-78所示。

图 14-77

图 14-78

步骤 17 双击该图层名称空白处，打开"图层样式"对话框，选择"渐变叠加"选项卡，设置渐变颜色为"#CA2222""#FC482E"，继续设置参数，如图14-79所示。

步骤 18 选择"斜面和浮雕"选项卡，设置参数，如图14-80所示。

图 14-79

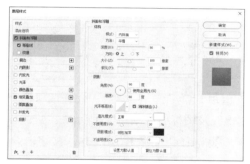

图 14-80

步骤 19 选择"投影"选项卡，设置参数，如图14-81所示。

步骤 20 设置完成后单击"确定"按钮，效果如图14-82所示。

图 14-81

图 14-82

步骤 21 选择"文字工具"，输入文字。选择上方文字复制并翻转，添加蒙版制作倒影效果，如图14-83所示。

步骤 22 新建"图层7"，选择"矩形工具"，设置前景色为白色，绘制矩形，并将其栅格化，如图14-84所示。

图 14-83

图 14-84

步骤23 双击图层名称空白处，打开"图层样式"对话框，选择"投影"选项卡，设置参数，如图14-85所示。

步骤24 单击"确定"按钮，效果如图14-86所示。

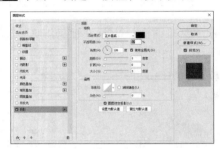
图 14-85

图 14-86

步骤25 选择"直线工具"，设置选项栏中的参数，绘制直线，栅格化图层，使用类似的方法绘制虚线及图标，如图14-87所示。

步骤26 选择"文字工具"，输入文字，设置文字样式，效果如图14-88所示。

图 14-87

图 14-88

步骤27 使用类似的方法制作其他网页内容，如图14-89所示。

步骤28 新建图层，选择"矩形选区工具"绘制选区，选择"渐变工具"，设置渐变颜色分别为"#609589""#8EB7AE"，应用渐变填充，如图14-90所示。

图 14-89

图 14-90

步骤29 取消选区，选择"文字工具"，输入文本，最终效果如图14-91所示。

图 14-91

14.5.2 创建切片

切片是指将一个网站布局或大图像分割为多个小的、独立的图片文件，以提高页面加载速度。选择"切片工具" ，在文档中拖曳创建切片，在切片上右击，在弹出的快捷菜单中执行"编辑切片选项"命令，打开"切片选项"对话框，如图14-92所示。

> **✅知识点拨** "切片工具"位于裁剪工具组中。

该对话框中各选项含义如下。
- **切片类型：** 选择图像选项，指这个切片输出时会生成图像，反之输出时是空的。
- **名称：** 定义切片名称。
- **URL：** 为切片指定链接地址。
- **目标：** 指定打开的目标窗口。
- **X、Y：** 切片左上角的坐标。
- **W、H：** 切片的长度和宽度，可以自定义。

图 14-92

动手练 创建美食网站首页切片

下面以美食网站首页切片的创建为例，对切片工具的应用及切片的创建进行介绍。具体操作如下。

步骤01 打开文档，执行"视图"|"标尺"命令，打开标尺，拖曳参考线，如图14-93所示。

步骤02 选择"切片工具"，在选项栏中单击"基于参考线的切片"按钮创建切片，如图14-94所示。

图 14-93

图 14-94

步骤03 使用"切片工具"在图像编辑窗口中拖曳，重新划分部分切片，最终效果如图14-95所示。

图 14-95

14.5.3 优化导出切片

在网页设计中最常见的图像格式是GIF和JPEG格式。切片创建完成后，可以优化切片并导出HTML文件。执行"文件"|"导出"|"存储为Web所用格式（旧版）"命令，打开"存储为Web所用格式"对话框，如图14-96所示。在图像窗口中，包括4个选项，即原稿、优化、双联和四联。其中各选项含义介绍如下。

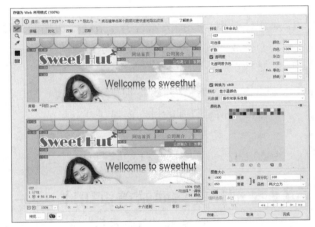

图 14-96

- **原稿**：显示原始图像。
- **优化**：根据设置及时显示优化了的图像。
- **双联**：显示原稿和优化的两个窗口，用户可以方便对比两个图像。
- **四联**：显示原稿和3个设置不同的优化图像的窗口，用户可以对4个图像进行对比，选择满意的一幅。

优化完成后，单击"存储"按钮，打开"将优化结果存储为"对话框，选择存储路径，设置格式并单击"保存"按钮即可。

动手练 导出美食网站首页切片

下面以美食网站首页切片的导出及应用为例，对切片导出优化进行介绍。具体操作如下。

步骤01 打开文档，执行"文件"|"导出"|"存储为Web所用格式（旧版）"命令，打开"存储为Web所用格式"对话框，设置参数，如图14-97所示。

步骤02 单击"存储"按钮，打开"将优化结果存储为"对话框，选择存储路径，设置其他参数，如图14-98所示。完成后单击"保存"按钮导出切片。

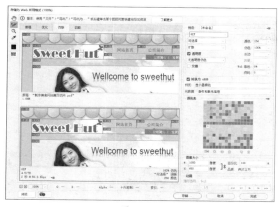

图 14-97   图 14-98

步骤 03 打开Dreamweaver软件，新建站点，此时在"文件"面板中可以看到建立的站点，如图14-99所示。

步骤 04 新建网页文档，单击属性检查器中的"页面属性"按钮，打开"页面属性"对话框，设置边距均为0，背景颜色为"#8CB5AC"，如图14-100所示。单击"确定"按钮。

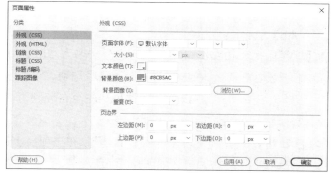

图 14-99   图 14-100

步骤 05 执行"插入"|Table命令插入一个2行1列的表格，设置为居中对齐，如图14-101所示。

步骤 06 在第1行单元格中执行"插入"|Image命令插入图像素材，如图14-102所示。

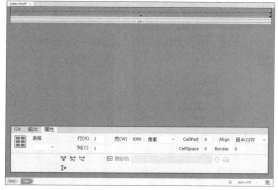

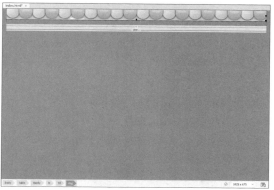

图 14-101   图 14-102

步骤 **07** 在第2行单元格中执行"插入"| Table命令插入一个1行2列的表格，在左侧单元格中插入图像素材，如图14-103所示。

步骤 **08** 使用相同的方法，插入其他表格及素材图像，最终效果如图14-104所示。

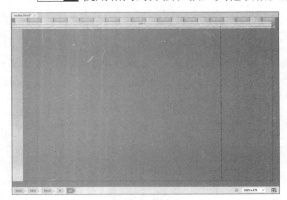

图 14-103

图 14-104

综合实战：绘制咖啡网站标志

标志是网站中必不可少的元素，除了使用AIGC工具生成外，用户也可以使用Photoshop绘制，下面对此进行介绍。

步骤 **01** 新建一个400px×400px大小、分辨率为72PPI、背景为白色的空白文档。新建"图层1"，选择"钢笔工具"，在选项栏中选择路径选项，绘制一个路径，按Ctrl+Enter组合键转化成选区，选择"渐变工具"，设置渐变颜色从左至右分别为"#E87400""#793604"，在选区中拖曳绘制线性渐变，效果如图14-105所示。

步骤 **02** 新建"图层2"，选择"钢笔工具"，在选项栏上选择路径选项，绘制路径，并转化成选区，填充白色（#FFFFFF），如图14-106所示。

步骤 **03** 新建"图层3"，选择"椭圆工具"，设置前景色为白色（#FFFFFF），在选项栏中选择形状选项，按住Shift键绘制形状，并将其栅格化，效果如图14-107所示。

图 14-105

图 14-106

图 14-107

步骤 **04** 新建"图层4"，选择"钢笔工具"，在选项栏中选择路径选项，绘制一个路径，按Ctrl+Enter组合键转化成选区，如图14-108所示。

步骤 **05** 设置前景色为"#A4A4A4"，按Alt+Delete组合键填充前景色，如图14-109所示。

步骤06 新建"图层5"，使用相同的方法绘制路径，填充渐变颜色分别为"#E67300""#894004"，如图14-110所示。

图 14-108

图 14-109

图 14-110

步骤07 按Ctrl+D组合键取消选区，将"图层5"放置在"图层4"下方，效果如图14-111所示。

步骤08 打开"咖啡豆"图像素材，移动到画布中，调整大小及位置，如图14-112所示。

步骤09 选择"文字工具"，输入文本C，为文字添加渐变叠加样式，渐变颜色分别为"#893F04""#DF6F04"，如图14-113所示。

图 14-111

图 14-112

图 14-113

步骤10 新建"图层5"，设置前景色为"#3D1D05"，选择"椭圆选区工具"绘制选区，按Alt+Delete组合键填充前景色，如图14-114所示。

步骤11 选择"钢笔工具"，在选项栏上选择路径选项，绘制路径，按Ctrl+Enter组合键转换成选区，按Delete键删除选区中的图像，取消选区，如图14-115所示。

步骤12 选择"文字工具"，输入文字，复制文字C的图层样式，最终效果如图14-116所示。

图 14-114

图 14-115

图 14-116

新手答疑

1. Q: 怎么转换文字类型?

A: 选中文字后，根据其类型，执行"文字"|"转换为段落文本"命令或执行"文字"|"转换为点文本"命令，在弹出的提示对话框中单击"确定"按钮即可。

2. Q: 怎么制作异形文字?

A: 选中输入的文字右击，在弹出的快捷菜单中执行"创建工作路径"命令或执行"文字"|"创建工作路径"命令，将文字转换为路径，然后通过"直接选择工具"或"钢笔工具"编辑修改。

3. Q: 网页结构包括哪些内容?

A: 网页主要由页头区、内容区和页脚区组成。其中页头区位于网页的顶部，包含网站的标志、网站名称、链接图标和导航栏等内容；内容区包含横幅Banner和内容相关的信息；页脚区位于网页底部，包含版权信息、法律声明、网站备案信息、联系方式等内容。

4. Q: 网页字体有什么要求?

A: 网页字体需要具备可识别性和易读性两个特点，中文一般使用微软雅黑、宋体和苹方字体，英文和数字一般使用Helvetica、Arial、Georgia、Times New Roman等。
网页界面中不同的字号和字重决定了信息的层次。其中12px是用于网页的最小字体，适用于注释性内容；14px是阅读效果最佳的字体，适用于非突出性的普通正文内容；16px、18px、20px、26px及30px适用于突出性的标题内容。

5. Q: 什么是 Banner？

A: Banner翻译成中文为横幅，是网络广告中最早、最基本、最常见的广告形式，用户可以通过单击网页中的Banner，链接至对应的广告网页中。

6. Q: 什么是 Web 安全字体?

A: Web安全字体是指用户系统中自带的字体，包括Windows系统中的微软雅黑、macOS系统中的苹方黑体等。使用Web安全字体，可以确保网页在大多数系统中能够正常显示，避免加载时间过长等问题。

7. Q: 怎样只导出选定的切片?

A: 创建切片后，执行"文件"|"导出"|"存储为Web所用格式（旧版）"命令，打开"存储为Web所用格式"对话框，使用"切片选择工具"选择切片，按住Shift键加选，完成后单击"存储"按钮，打开"将优化结果存储为"对话框，设置"切片"选项为选中的切片，单击"保存"按钮即可。